「著迷」這事有好有壞，你怎知自己目標正確、方法可行？

著迷

甘願賭上所有

U0020793

All In

How Obsessive Leaders Achieve the Extraordinary

光靠恆毅太苦情，貝佐斯、馬斯克告訴你，這是最開心的工作動機。

耶魯大學組織行爲學博士
羅勃．布魯斯．蕭（Robert Bruce Shaw）◎著
吳宜蓁◎譯

目錄

推薦序　只有「著迷」，才能邁向頂尖／吳育宏　7

第1章
做完，需要動機；做到傑出，需要著了迷　11
成功機率只有三〇%的亞馬遜，靠的是著迷　13
著迷是好事，但你得適時抽離　20

第2章
光靠恆毅力太苦情，這才是開心工作的動機　33
恆毅力 vs. 著迷　37
對目標產生熱情，是克服挫折的關鍵　41

躲在著迷背後，你看不見的昂貴代價 46

第3章

每天都是亞馬遜的「第一天」，讓傑夫．貝佐斯如此著迷 67

以顧客為中心的「成長飛輪」 74
「逆向工作法」──亞馬遜會提醒你，這本書你已經買過 76
打客服電話是一個警訊，它代表顧客沒有被滿足 79
貝佐斯最關心的事：顧客 82
創造連顧客都不知道自己需要的東西 85
先準備，後發射，再調整 88
每天都是亞馬遜的「第一天」 91
顧客至上的注意事項 94
犯錯不可恥，著迷的力量更偉大 98

目錄

第4章
令我著迷的，是改變人類的未來——
伊隆．馬斯克 101
著迷於解決問題，才能創造偉大的產品 107
錢要花在使產品更好的地方 109
「奈米經理人」——領導者必須深入細節 112
尋求意見，尤其是負面回饋 114
你必須努力工作，一週七天、沒有假期 116
建立公司的「特種部隊」 118
以產品為中心的缺點 120
過度著迷的負面影響，是馬斯克的最大課題 127

第5章
沉迷在打敗對手，會毀了自己——
崔維斯．卡蘭尼克 129
優步上市劇本——讓民眾向政府施壓 136

只想著擊敗對手，就是過度著迷 141
鬆散的組織結構，無法支撐快速發展的企業 146
顧問團隊能避免領導者著迷於錯誤方向 158

第6章

賭上所有投入工作，不是每個人都願意

賭上所有投入工作，不是每個人都願意 165
「刻意練習」能幫助你找到使命 168
對全力以赴的人來說，逆境只是必要因素 179
不是每個人都能對工作狂熱著迷 183
問問自己，想從工作中獲得什麼？ 187
環境很重要，缺乏動力的人會拉你一起退步 193
壓力＋休息，才能有最高生產力 197

目錄

第7章 著迷是好事，但需要適度的管理 205
面對成功，我們願意付出什麼代價？ 208
確定組織的執著焦點 212
建立正確的組織架構 215
僱用這些人之前先問他：為什麼想加入我們公司？ 218
行政業務會讓著迷者無法專注 222
定期評估——最好的保護措施 224
沉迷於當前的商業模式，是常見的陷阱 227
想成功，著迷心態必不可少 234

謝詞 237

推薦序

只有「著迷」，才能邁向頂尖

B2B業務專家／吳育宏

這是一個「達人當道」的時代。在網路上分享美食和旅遊的YouTuber，他們影片的觀看次數，可能超過有線電視熱門時段的主播。隱身在巷弄間的小店，圈粉能力有機會強過行銷預算上千萬的國際品牌。只要專精於某一項技能或專業，小蝦米也可以打敗大鯨魚。

既然把一件事情做到頂尖水準，能夠獲得令人稱羨的回報，那麼為何大部分的人都歸於平庸呢？有些人說自己的時間、資源或人脈不夠；也有人覺得是因為滿足天時、地利、人和的條件太難達成，其實我認為這些都不是真正的原因。依我過去的經驗，對一件事有沒有「強烈的動機」，並願意持之以恆堅持下去，才是區分頂尖與平庸的關鍵。

但是一般人都輕忽了這些達人背後累積的努力。我們只看到藝人或專業表演者一個小時的鐘點費有多高，那些上百、上千小時無收入的練習卻少有人關心；就像一家公司接到獲利豐厚的訂單，員工很容易拿來對照自己微薄的薪資，維持公司運作需要的柴米油鹽、管銷成本，卻少有人認真計算過。

本書以亞馬遜（Amazon）、特斯拉（Tesla）、優步（Uber）等企業崛起的過程為例，分析它們有什麼共同的成功方程式。作者羅勃・布魯斯・蕭（Robert Bruce Shaw）是組織行為學博士，他以組織團隊的心理、行為表現為理論基礎，精彩解說了這些商業案例的成敗原因。

有別於大部分案例以商業模式為出發點，這本書提供了多元的思考觀點，有助於我們對個人及組織行為，做更深度的省思。

在努力、專注、堅持這些老生常談的元素背後，作者點出了一個我過去不曾想過的觀點：「著迷」。邁向成功之路雖然要付出代價，但是這些代價不一定是拚命加班、苦情賣力，這些代價也可以伴隨著樂趣，用愉快、甘願的心情去實踐。

另一方面作者也提醒我們，對事情著迷之餘也要保持清醒，避免鑽牛角尖引來企業的衰敗。**在「熱情」與「冷靜」之間，取得好的平衡**。我認為這在今日變動快速的市場環境中，是非常重要且中肯的建議。

美國作家馬克・吐溫（Mark Twain）曾說過：「工作與玩樂是同義字，只是分別使用於不同的情況而已。」我年輕時聽到這句話，難以體會個中道理，甚至覺得這是無稽之談。年紀漸長後，我經歷過許多事物從無到有、從平庸到頂尖的過程，才漸漸體會職場前輩把工作與玩樂融為一體的藝術。原來馬克・吐溫不是隨便說說，他所陳述的境界大概就是本書強調的概念：著迷。

誠摯推薦本書，給期望邁向頂尖的職場工作者與創業家。

第 1 章

做完，需要動機；做到傑出，需要著了迷

請各位試著在你的手機或電腦輸入以下網址：relentless.com。現在想一想，為什麼出現在你螢幕上的是亞馬遜的首頁？為什麼輸入「relentless」這個字，會把你帶到一個從茶葉到電視，所有東西都有賣的網站上？亞馬遜的創始人傑夫・貝佐斯（Jeff Bezos）可以說是當今美國最有影響力的企業家，他的公司改變了我們的購物方式，迫使大大小小的競爭對手適應亞馬遜主導創建的新型態數位經濟。貝佐斯還藉由亞馬遜網路服務顛覆了科技行業，現在正朝向物流、廣告、媒體，和醫療保健等領域推進。

一個能改變整個產業競爭格局的企業，已經非常罕見了，但居然有人能改變多個不同產業，這簡直前所未聞。

貝佐斯會成立公司，是因為他認為網際網路將使人們以一種新型態的方式購物，儘管當時網路的規模還不大，卻在以驚人的速度增長。今天當我們購買商品時，只需在網頁裡點擊一下，過了幾天、甚至只要幾個小時，產品就會出現在我們的家門口，這是很平常的事情。然而，在貝佐斯剛創立亞馬遜時，這些我們現在認為理所當然的事情，在當時卻是人們無法想像的。

網際網路最初是軍方的緊急通訊工具，後來漸漸發展為學術和科學研究人員共用資訊和研究成果的平臺。貝佐斯看到了它的商業潛力，並根據當時最暢銷的郵購業務（包括書籍、音樂、影片、電腦），分析創業的可能性。

他認為書籍是最有優勢的，因為網路可以讓他從數以百萬計的書中提供大量產品，利用科技讓顧客快速查找、評論，和購買感興趣的書籍。

這些潛在的優勢引人注目，因為傳統書店無論有多大，都無法複製網路的力量。最大的書店也只能收納十五萬本書，更比不上網路的搜索和評論能力。但當時，貝佐斯認為這個「瘋狂想法」成功的機率只有三〇％，他還告訴和他一起投資的朋友和家人，他們很可能會賠錢。

成功機率只有三〇％的亞馬遜，靠的是著迷

三十歲時，貝佐斯辭去了他在紐約金融服務公司的高薪工作，開始冒險創業。貝佐斯和妻子開車穿越美國，前往西雅圖的新家，他列出自己的商業計畫，並為這間新公司發想品牌名稱。

其中一個他喜歡的名稱是 relentless.com，因為他相信好運氣會降臨到那些極度專注的人身上。而在他自己的人生中，也確實驗證了這一點。貝佐斯本身就帶著一種非常嚴謹的態度，認識他的人都認為他與眾不同，從他小時候的一個故事就能窺見他的性格。

貝佐斯的幼稚園老師告訴他母親，這孩子非常獨特，完全專注於學校的活動，有時他們別無選擇，只能直接拿起傑夫還坐著的椅子，讓他離開他正在做的事情，好進入下一個課堂活動。

雖然許多名人及其父母講述的童年故事經常會言過其實，但那些曾與貝佐斯共事多年的人都說，他真的對所做的每一件事都異常專注且有條理。

到達西雅圖後不久，貝佐斯就註冊了 relentless.com 這個網域名稱，但是隨後便決定不再使用它，因為他的朋友們都認為，這個名稱對賣書沒什麼幫助。relentless 表示某人只專注於單一目標、頑強無情，一般是用來形容狼群追逐獵物的感覺。

以這個名字起步失敗後，貝佐斯最終選擇了「亞馬遜」——世界上最長的河流，表達出他要創造出世界上最大書店的雄心。不過貝佐斯保留了 relentless.com，並把它和亞馬遜網站連結起來。也許他是想提醒未來的同事，唯有「專注」才能將瘋狂想法變成現實。

在接下來的二十五年裡，貝佐斯建立了有史以來發展最快的公司之一。每月有超過兩億人造訪它的網站，而且是電子商務中最值得信賴的品牌。當然，亞馬遜的成功不單是貝佐斯頑強無情本性的結果。許多頑強無情的人都無法建立起成功的公司，更不用說可以與亞馬遜相提並論的公司了。

貝佐斯是一位具有策略能力、能洞燭機先的領導者，他會注意到大多數人都沒有發現的模式、趨勢，和可能性。當其他人認為網路只不過是一個研究工具時，他預見了電子商務的潛力。貝佐斯還推動了 Kindle 電子閱讀器和 Echo 智慧家電的開發，儘管當時幾乎沒有客戶認為自己需要這些產品。

亞馬遜目前正在投資一系列創新計畫，比如無人機送貨技術，以便為客戶提供更快、更便宜的產品。一次又一次，貝佐斯發現了別人沒注意到的機會，並利用自己的洞察力發展長期投資。

貝佐斯在經營方面也很精明，那些對公司成功至關重要的細節，他都有深刻的理解。貝佐斯會深入談論業務的細節、該如何執行，以及需要什麼才能提高業績往前邁進。

例如，貝佐斯知道供應鏈管理的複雜性，以及如何為客戶不斷縮短交貨時間。聽他描述亞馬遜如何管理其物流挑戰，以及公司的倉儲配送中心如何運作，包括錯綜複雜的訂單處理軟體和產品挑選機器人時，你可能會認為他是個負責操作管理的中階工程師。

一位與貝佐斯共事的同事略帶戲謔的建議，其他人應該把他看作一個超級聰明的外星人，一個需要特別處理的人，尤其是當你要向他報告一些東西時。在亞馬遜，通常會以一份簡短的書面形式提案，由公司的高階領導團隊審閱並討論。在報告的時候，貝佐斯的一位前同事給出了以下建議：

你必須假設他已經對這件事瞭若指掌，假設他知道的比你多。即使你的報告中有突破性的原創想法，也要假定那對貝佐斯來說已經過時了。以簡潔、直接、不解釋的方式寫提案，就像你要寫給一位世界級專家看的那樣。刪掉整段，甚至撕掉整頁，就是要讓他覺得有趣，他會自己填補空白處，不會漏掉任何一點細節。只有這麼做，他的大腦才不會因為你緩慢的節奏而一直感覺到煩躁。

然而，貝佐斯不僅在策略和經營上很聰明，他還很幸運，他甚至將成立公司時各項條件俱足的狀況，描述為「行星對齊」的奇觀。有時候，貝佐斯也會說自己的成功和巨額財富是「像中了樂透」。這句話可能是為了在大眾面前顯得謙卑，但即便如此，貝佐斯似乎真的相信運氣是他的夥伴，幫他推動亞馬遜前進。

他很幸運，在網際網路逐漸普及之際，創立了一家電子商務公司。那個時候貝佐斯甚至也還不清楚民眾是否會接受網路購物，因為很多人不願意向看不見的賣家訂購商品（而且還要把信用卡資訊提供給對方）。貝佐斯創立亞馬遜時，網路使用率正處於上升階段，使得他的公司能快速發展。相較於邦諾書店（Barnes & Noble）等公司，如果亞馬遜是在數年之後才創立，可能就會失去其先驅優勢了。

貝佐斯的好運也顯現在他僱用的第一批員工當中，其中包括一位天才技術專家謝爾・

卡分（Shel Kaphan），他建立了對亞馬遜營運來說至關重要的網站。當J‧K‧羅琳（J. K. Rowling）出版那本大獲成功的小說時，貝佐斯的幸運又再度降臨，他把這本書的價格壓低，加上免費配送，順勢建立起自己的客戶群。

但或許貝佐斯最幸運的地方在於：他的競爭對手們傲慢自大。更糟糕的是，這些圖書零售商的行銷行動非常遲緩，他們嚴重低估網路對圖書零售的影響，並且認為一家西雅圖的小型新創公司，不可能影響他們多年來在這個行業的主導地位，畢竟這家小公司的領導者不但沒有零售經驗，連商業經驗也不足。

當時，邦諾書店的一位創始人說：「在賣書方面，沒有人能打敗我們。這是絕對不可能的。」當邦諾開始嘗試電子商務後，先是與美國線上（America Online）合作，接著花了近兩年時間推出一個線上網站，但這個網站設計得很糟糕，執行的使用介面更是慘不忍睹。

當時美國最大的圖書零售商，連為電子商務客戶提供最基本的服務都有困難，像是可靠的訂單處理程序等，這讓亞馬遜更有機會建立自己的品牌，加強網路上的各種服務。

雖然我們都知道，一間公司要成功，必須有好幾個因素結合在一起，但從另一個角度來說，如果貝佐斯沒有堅持，沒有建立起一個具有相同目標的公司文化，那亞馬遜就不會成為現在的亞馬遜了。

領導者，尤其是企業創始人，他們的個性會直接烙印在公司身上，這會直接影響公司的表現，我們將在接下來的章節中看到這一點。從創立公司的第一天起，貝佐斯就不斷督促亞馬遜，將他畢生受益的特質體現出來。

成功的企業家和發明家的區別，在於前者有能力建立一個團隊，組成一間公司，將他們充滿雄心壯志的想法商業化。

在分析一家公司的成功或失敗時，大部分的人傾向於關注個別的領導者，例如像貝佐斯這樣的領袖，就是推動公司前進的關鍵人物。而想在商業上取得成功，需要許多人共同努力，才可能在業界脫穎而出。同理，頑強執著的領導者，也需要同樣頑強執著的組織，才能產生一些非凡卓越的事物。

看看貝佐斯的年度股東信，你會發現他是一位對亞馬遜的文化和工作方式，深入思考過的創新領袖。貝佐斯曾說，他最欣賞的領導者是華特・迪士尼（Walt Disney）：

> 他有一種不可思議的能力，創造出一個能讓很多人共享的願景。迪士尼發明的東西，例如迪士尼樂園，那是如此宏大的夢想，沒有人能夠單獨實現它們，不像那種愛迪生靠自己「製造」的東西。華特・迪士尼確實有能力讓一大群人，朝著一致的方向努力。

《貝佐斯傳》（*The Everything Store*）是一本頗受好評的書籍，內容關於亞馬遜的歷史，作者布萊德・史東（Brad Stone）指出，這家公司是完全按照貝佐斯的形象建立起來：「就像一臺放大機，用來傳播他的聰明才智，並在最大的可能範圍內不斷前進。」

我們可以將亞馬遜看作體現貝佐斯信念、價值觀，和個性的機構。有很多詞彙可以用來形容貝佐斯和他創建的公司，但「頑強與著迷」可能是最貼切的。

第二位當今美國最受矚目的商業領袖，無疑是伊隆・馬斯克（Elon Musk）。他所設計、建造、銷售的革命性產品一個接著一個，使他逐漸受到人們的崇拜。

電動汽車產業曾經一直停滯不前，直到馬斯克開發出特斯拉 Model S，該車款的高性能版本獲得了美國雜誌《消費者報告》（*Consumer Reports*）有史以來的最高評價，還達到美國監管機構（NHTSA）測試的所有車輛中，最高安全等級。

到目前為止，特斯拉已售出六十萬輛電動汽車，行駛里程超過一百億英里。與等量的內燃機相比，他的汽車減少了大約四百萬噸的二氧化碳排放。

馬斯克還創立了 SpaceX 公司，成為第一家發射火箭與國際太空站連接的私營公司。它也是第一個開發可重複使用火箭的公司，大幅降低了運輸材料和設備（如衛星）到外太空的成本。

馬斯克的成就之所以格外引人注目，是因為他的競爭對手都是一些有歷史的王牌公司，比如汽車行業中的 BMW 和航空航太領域的波音公司等。比爾・蓋茲（Bill Gates）也曾對馬斯克的成就做出絕佳的評論：「世界上從不缺乏對未來有展望的人，但伊隆會如此與眾不同，是因為他有能力實現自己的夢想。」

著迷是好事，但你得適時抽離

如果我們說貝佐斯非常頑強，那麼同樣的，最適合用來形容馬斯克的說法就是狂熱：obsessive。obsessive 這個詞起源於中世紀，用來描述入侵的軍隊對城鎮或城堡的圍攻。隨著時間推移，這個詞逐漸演變，開始帶有一種宗教意義，指那些被邪惡力量糾纏或附身的人。幾個世紀後，它的含義又不太一樣了，這次被視為一種精神方面的障礙。從入侵的軍隊變成入侵的靈體，又演變成入侵的思想。

現在，大多數人都把 obsessive 看作是一種難以抵抗的，對單一想法、人，或事物的著迷。舉個例子，如果一個人對細菌有種非理性的恐懼，認為細菌可能在餐廳桌子上、洗手間的門上，或者剛剛遇到的人手上，這種不必要、反覆出現的想法，會開始導致強迫性行為，像是一天要洗手三十次。這種執著型強迫症，雖然有些人覺得很奇妙，甚至有點滑稽，但這其實是一種，會使人精神衰弱的嚴重疾病，讓患者痛苦不堪。

有些執著的人雖然還不到強迫症那麼極端，但也令人質疑是否有需要做到這種程度，例如美國的一名電視製片人瑪麗恩・史杜基斯（Marion Stokes），連續三十五年不間斷的錄下新聞節目。當史杜基斯去世時，在她的公寓和儲物櫃裡發現了約十四萬盒的新聞錄影帶，也就是將近一百萬小時的節目影片。

史杜基斯會這麼做的動機是她不信任媒體，想要記錄下電視新聞是如何過濾資訊，以及扭曲社會中不同群體的形象。她的一生，還有生活的許多方面，都圍繞在這件事情上。

每六個小時，史杜基斯就需要在公寓裡的許多錄影機中插入新錄影帶。她的新聞錄影檔案無論在數量和時間上，都無人能出其右。然而，或許這些錄影帶能成為那些想要研究媒體歷史和行為者的寶貴資源。

而類似於痴迷的執著，還可以驅使一個人和他的團隊去取得非凡的成就。有一位崇拜馬斯克的人曾問他的前妻，對於那些想追隨馬斯克等成功企業家腳步的人，她會有什麼建議？她回答：「要執著、執著、執著……跟著發自內心讓你著迷的事物。接著問題會開始浮現，可能是一個會影響非常多人的巨大挑戰性問題，然後你就會拚了命的去解決它，至死方休。」只有那些頭腦被「一個想法、一個概念、一個目標」塞得滿滿的人，才有可能取得非凡的成就。

為了說明這一點，讓我們假設你正帶領著一間公司，必須在兩個同樣有能力和經驗的人之間做出選擇，來領導一個極關鍵的專案。如果專案成功，將為你的公司創造巨額收入，並為成千上萬的人創造就業機會。

對第一位候選人來說，讓專案成功是最重要的事，他每天工作十二個小時，週末也一樣，滿腦子都在思考這個產品，以及如何將它商業化。除了工作，他沒有社交生活，也沒什麼其他的興趣，他一生的摯愛就是他的工作。

第二位候選人則參加了各式各樣的社區活動，在工作之外還有廣泛的興趣。他工作很認真，但每天下午五點就準時離開辦公室，週末也很少工作。那麼，你會讓誰負責這個專案呢？

有些人可能會認為，第一個候選人過於緊繃，不僅會讓自己精疲力盡，也會讓其他團隊成員苦不堪言。提拔他甚至會給公司的其他同仁傳遞錯誤的訊息，因為這與平衡工作和生活的重要性相衝突。

但是，第一位候選人對專案的專注付出，不也增加了成功的可能性嗎？**你不需要、也不一定想要整個公司都是這種狂熱執著的人，只需要少數幾個人就可以，尤其是在公司發展的關鍵時刻，這些人能幫助企業組織取得非凡的成就。**

而且就結果而言，組織裡的每個人都能得到好處。正如美國殘疾研究學者，倫納德·戴維斯（Lennard J. Davis）所說：「當具有創造能量的人妥善運用『著迷』的個性特質時，每個人都會受益。」

這裡有個明顯的例子，說明執著能帶來的影響：大約是一八七〇年代，布魯克林大橋正開始興建，布魯克林大橋橫跨紐約東河，連接布魯克林和曼哈頓，是那個時代最偉大的工程成就之一。

華盛頓・羅布林（Washington Roebling）是這座橋的總工程師，他的父親也是這座橋的幕後推手，在一次工安事故中喪生。老羅布林當時正在布魯克林的濱水區工作，突然一艘駛來的駁船撞上他的腳，過了兩個星期他就死於壞疽病，留下三十二歲的兒子來管理這項龐大的事業。

一年後，由於羅布林長期待在水下地基工作，而患上了減壓症（潛水夫病）。從那時開始，他便無法親自到橋的施工現場監工。不過，在妻子以及一群傑出工程師的支持下，羅布林開始在布魯克林的家中繼續遠端監督建築工作，就這樣做了十三年。

這座偉大的建築於一八八三年完工，而羅布林家族也付出了高昂的代價：父親過世，兒子終身病痛，以及一對夫妻多年來全身心投入到這個案子中。但時至今日，這座橋已成為整個紐約市活力的象徵，每天有數百萬人步行、騎車、開車、搭火車穿過它。這座橋證明了一個家庭永不停息的承諾。

而英國登山者艾莉森・哈格里夫斯（Alison Hargreaves）的人生，也是另一個為此付出的極端例子。她是第一位在沒有氧氣瓶和固定繩索的情況下，獨自登上聖母峰（Mount Everest）的女性。三個月後，她死於一場風暴，享年三十三歲，當時她正從世界第二高峰喬戈里峰（Chhogori）下山。

在哈格里夫斯死後，有些人批評她過度執著於追求，導致她兩個年幼的孩子，必須在沒有母親的情況下長大。而哈格里夫斯說，她愛她的孩子，也愛登山，她明白兩者都想擁有是多麼困難的事，但她決心兩者都不放棄。哈格里夫斯最後一次受訪時，她說：「如果你有兩個選擇，就選比較難的那個，因為如果你不這樣做，一定會後悔。」

對於像哈格里夫斯這樣的人來說，他們可能沒有選擇。貝佐斯也認為，是執著選擇了人，並不是人選擇了執著。就像前文所提到入侵的軍隊一樣，最極端的執著會占據一個人的全部，使他成為需求的俘虜。

但是，那些追求自己夢想的人不該如此盲目，在他們努力行動的同時，也要意識到追求「成就」對自己和周圍人們的潛在代價。

哈格里夫斯充分理解她所面臨的危險，然而就像所有世界級的登山者一樣，她接受風險，並以一種實事求是、高度自律的方式做到了。

哈格里夫斯也明白，她很有可能會死於山難，因為她見過太多同為登山者的同伴們遭受這種命運，所以她知道風險是真實的。然而，她也選擇以自己最認同的信念過生活：「做一天老虎，勝過做千年綿羊。」

雖然職場工作不至於達到哈格里夫斯那樣的犧牲程度，但全力以赴的人確實要承擔後果。他們可能會因為長時間工作和追求大膽目標的壓力，而犧牲掉自己的健康。他們與家人見面的時間會更少，參加休閒和娛樂活動的時間也很有限。

即使當他們和另一半、小孩在一起的時候，也一直在想著工作。馬斯克就是一個很好的例子，尤其是在特斯拉掙扎著克服營運和財務挑戰之際。馬斯克傳記的作者說：

這傢伙投入的程度實在太離譜。從很多層面來說，馬斯克就是個沒有生活的人。他無時無刻不在工作，他經歷了三次婚姻，沒有足夠的時間陪他的孩子，沒有任何正常人該有的生活。根本沒有人會願意做出這樣的犧牲。

去同情像貝佐斯和馬斯克這種程度的成功人士，似乎有些荒謬。然而，我們也必須認知到，著迷於某件事未必是一種舒適或快樂的生活方式。正如馬斯克自己說的那樣，大多數崇拜他的人，只要花幾天時間過他的生活，可能就不會想成為他了。

在商業界，執著的領導者會受到大量壓力和監督，其程度是大多數人都受不了的。一般人可能會因為這些領導者的成就和財富而尊重他們，但大多數人並不欣賞他們在追求遠大目標時所做出的犧牲。

許多人想感受當馬斯克是什麼感覺，藉由他的推特貼文和產品介紹來體驗他的生活。然而，當要付出的代價變得清晰時，「全職」過馬斯克的日子就不那麼有吸引力了。正如馬斯克針對自己的生活所說：「現實是偉大的高峰、可怕的低谷，和殘酷的壓力。我覺得大家都不想要後面那兩樣。」

大家害怕這種痴迷的人，不只是因為當事者及其家人必須付出的代價，還包括可能會給同事們帶來的傷害。

賈伯斯對創造偉大產品的執著是眾所周知的，他接手了一家瀕臨破產的公司，讓它重新走上正軌，成為世界上最有價值的企業之一。蘋果（Apple）的七億客戶，以及直接或間接為公司工作的兩百四十萬人，這些主要都得歸功於賈伯斯。

除了如此驚人的成就，賈伯斯也是一位有著複雜特質的領導者。有許多人狂熱崇拜他，同樣也有不少積極表達批評的人。而關於賈伯斯領導能力的主要爭議，在於賈伯斯對待員工的方式。

賈伯斯會威脅並貶低那些無法達到他崇高期望的人，他會拚命從團隊成員和部屬身上榨取出最好的東西，如果他們生產的產品沒有達到他的期望，就沒有人能免於這種精神暴力。賈伯斯的一位同事曾形容他的管理方式為「人格傷害管理」：

賈伯斯的管理風格是致力於「不可能」的事情，並驅策他的員工（通常是很殘暴的）做出結果。他對待員工的態度反覆無常，一下子偏袒，一下子指責……大多數情況下，他就是看著你，用非常大又嚴厲的聲音說：「你搞砸了我的公司！」或「如果我們失敗了，都是因為你。」

除了對自己的團隊很強硬，賈伯斯對蘋果內部的其他團隊也同樣好鬥。他的狂熱著迷導致公司內部有一種「我們對他們」的心態，他經常批評其他團隊的人，輕視他們的努力和結果。最後衝突逐漸升級，公司各部門之間的分歧變得更加明顯，而賈伯斯也試圖把他找來管理公司的人趕下臺。

當賈伯斯要求蘋果董事會在執行長約翰・史考利（John Sculley）和他之間做出選擇時，董事會選擇支持史考利。這導致了上個世紀最具遠見卓識的領導者之一賈伯斯，離開了他一手創立且深愛的公司。

包括那些崇拜賈伯斯的許多人在內，他們都認為賈伯斯領導風格中較為嚴苛的那一面是沒有必要的。他們相信，如果用更仁慈的方式，一定可以達成更多成就，至少也不會比現在差。

然而，這種觀點忽略了一個事實，那就是**驅使賈伯斯成為卓越領導者的因素（尤其是他對設計偉大產品的不懈努力），與他成為一個強硬上司和難相處同事的原因相同。**一個對創造非凡事物充滿激情的領導者，同時也是一個對不能達到他苛刻標準的人非常嚴厲的管理者。他們對那些缺乏才能、阻礙他們實現夢想的人幾乎沒有耐心。

貝佐斯和馬斯克也受到過類似的批評。許多在過去幾十年裡發展最快、最具創新力的公司（如蘋果、亞馬遜、特斯拉、網飛〔Netflix〕、臉書〔Facebook〕和阿里巴巴），都是由那些對自己和同事要求很高的執著型領導者創立的。

因此，「著迷」給這些領導者帶來了一個困境，即它可能會讓組織成功，又可能會失去某些重要的東西。

這件事還顯現了許多組織的緊張關係：公司都希望員工全心全意投入工作，而有些公司又希望營造出一種支持員工平衡生活的工作環境，即工作只是健康生活的其中一個要素。他們比較不能接受執著行為的陰暗面，包括造成員工的壓力和工作倦怠。但是，努力降低執著的負面影響，無論初衷多麼好，總是有可能做得太過火，反而會破壞了促進公司成長所需的要素。

換句話說，**想把舒適和平衡的需求置於創造非凡事物之前，是不可能的**。貝佐斯意識到這種風險，所以不希望亞馬遜失去創業時那種專注不懈，於是亞馬遜有了「第一天」文化，永遠保持創業第一天的心態，全心全意聚焦於顧客。

貝佐斯、馬斯克，和賈伯斯等創建偉大企業、產品的領導者們，在全心投入和不懈努力方面很相似。「專注」和「動力」，是努力實現非凡成就的關鍵。而其中的困難，在於如何得到執著帶來的好處，同時把執著的負面影響降到最低。

下一章將更詳細探討執著，並與流行的「恆毅力」概念進行比較。我認為，著迷就是把恆毅力發揮到極端，當然，正面和負面的結果都會出現。

在接下來的章節中，我提出了關於執著領導力的三個案例研究：亞馬遜的貝佐斯、特斯拉的馬斯克，和優步的崔維斯・卡蘭尼克（Travis Kalanick）。我描述了每位領導人的執著特質，以及我們可以從他的經驗中學到什麼。

最後兩章探討關於執著，個人和組織會面臨的選擇，著重於以這種方式思考和行動的利與弊。對於個人來說，問題在於是否要追隨狂熱的執著，以及管理這些決定所帶來的後果。對於組織而言，問題是需要何種程度的著迷，才能產生有效競爭，特別是當某個公司正在改變一個行業，或正在被別人改變的時候。

想掌握執著的邏輯和局限，首先要了解幾個重要的注意事項。第一，執著並不是取得偉大成就的唯一因素。如前面及下一章所述，一個執著的人，如果缺乏才智和創造力，讓他在自己的專業中出類拔萃，那麼他也不太可能創造出卓越的產品和服務。

暢銷書《決斷2秒間》（*Blink*）的作者麥爾坎・葛拉威爾（Malcolm Gladwell）曾說，就算他下一百年的西洋棋，也永遠不會成為西洋棋大師。然而，葛拉威爾的觀點是，天賦雖然是必不可少的，但卻被高估了。在人生的大多數領域中，成功的關鍵是願意集中精力來掌握自己的專業，並在這個過程中實現充滿雄心壯志的目標。

其次，著迷並非必要。一家在相對穩定的商業環境中運作的公司，即使沒有一群著迷的人，也能生存多年。如果公司營運的策略不會受到創新與侵略性強的競爭對手破壞，那麼擁有專業的員工就足夠了。

然而，那些能被賈伯斯形容為「在宇宙中留下深刻印記」的非凡成就，幾乎都是來自於性情執著，且願意為追求目標做出重大犧牲的人們。

第三，著迷並不能被完全理解或控制。從本質上來說，著迷就是屈服於某一種心裡的「召喚」，是當事人和其他人可能無法完全理解或控制的。執著之所以強大，有很大一部分就是因為它是無意識的。

在最好的情況下，它是一種有效能的專注，提供了前進需要的動力，並能超越那些只有理性的人所能達到的水準。但令人不解的是，我們不知道為什麼某些人會對某事特別著迷，也不知道它會持續多久。

過度著迷的非理性部分，可能會導致誤入歧途，甚至是自我毀滅的行為。例如，馬斯克曾侮辱過媒體和金融界的一些人士，因為他認為這些人妨礙了他必須實現的目標。

在財報電話會議上，馬斯克拒絕回答一名分析師有關特斯拉如何管理資本，以及客戶訂單未完成的問題，他對分析師說：「無聊的愚蠢問題不酷。」接著，他與一位散戶投資YouTuber 進行了二十分鐘的討論。電話的最後，馬斯克感謝這位內容創作者沒有提出無聊的問題。而結束這通電話之後，媒體和投資界的反應是一面倒的負面評論，因為有些人認為馬斯克並不具備經營一家上市公司的領導者氣質。

第四，有生產力的著迷型人格，未必是個人生活經歷所導致。例如，我們不知道是什麼事件讓貝佐斯變得如此執著於顧客，也不知道為什麼馬斯克會花畢生精力，創造他認為對人類有益的產品。

雖然有些人希望能找出原因，但我不相信一個人的成長經歷和領導特質（如執著）之間有如此直接的關係。所謂的「敘事謬誤」就是在根本不是因與果的地方尋找因果關係。因此，這本書沒有詳細介紹每位領導者的生平，這些可以在他們的傳記中找到。我關注的是他們狂熱的想法和行為，不管它們是怎麼形成的。

最後，一味的讚頌這些領導者及其成就是有風險的，可能會扭曲我們應該從他們身上學習的東西。然而，我們也必須知道，反過來也同樣有問題。當這些領導者犯錯或變得過於強大時，有些人就會對他們產生過於負面的看法。

貝佐斯、馬斯克，和賈伯斯值得我們關注，因為他們是我們這時代最成功、最具創新精神的商業領袖。他們願意冒巨大的風險，在形勢不利時勇往直前。他們創造了標誌性的產品，建立了改變人類生活和工作方式的企業。

他們也都犯過嚴重的錯誤，在不同程度上傷害了自己和公司。這些性格複雜的領導者們固然擁有卓越的優勢，但在某些情況下，他們也有巨大的弱點，導致出現了矛盾、令人驚訝、費解的行事風格。

你可以把這些領導者看作典範，但同時必須了解他們也有可能犯錯。我的目的是探索執著的本質及其影響，讓我們得以從這些偉大企業家的想法和經驗中受益。

著迷，甘願賭上所有

- 如果組織想要在一個高度競爭的世界中生存與發展，或是他們正努力用一種新的產品及服務來打破現狀，這時就需要一位執著的領導者。
- 總而言之，著迷既是必要的，也是有潛在風險的。它需要被個人和組織接受與小心處理。

第2章

光靠恆毅力太苦情，這才是開心工作的動機

每一年，ESPN（娛樂與體育節目電視網）都會轉播全美拼字比賽的總決賽。在比賽中，數百名早慧的孩子被要求拼寫出一些艱澀的單字，這些字可能甚至來自某種外語。

在時間的壓力下，面對著擠滿家人與陌生人的觀眾席，再加上耀眼電視燈光，參賽者只有在連續正確拼寫每個單字幾輪之後才能晉級。只要一個字拼錯，他們就會被淘汰，感覺相當於突然死亡。

安琪拉・達克沃斯（Angela Duckworth）是賓州大學的心理學教授，也曾得過麥克阿瑟天才獎（按：MacArthur Fellows Program，每年頒發給那些在各個領域、不同年齡「於創造性工作方面顯示出非凡能力和前途」的人）。她把拼字比賽視為天然實驗室，讓她進行對成就的研究。達克沃斯想知道，到底是什麼因素創造出了頂尖的拼寫者。

她發現，最成功的選手擁有較多她稱之為「恆毅力」的東西，這種特質會讓他們更願意進行艱苦的練習，為比賽做準備，提高自己的技能。而正如你所料，她的研究也指出，在預測誰最有可能表現傑出方面，語言能力也是相當重要的。

然而，智力與恆毅力的影響無關，換句話說，每一種恆毅力都以獨特的方式影響著參賽者的表現。達克沃斯總結道：「恆毅力解釋了為什麼有些人雖然在智力方面沒有比別人更聰明，卻能取得更大的成就。」

在過去的幾年裡，恆毅力已經成為了熱門話題。超過一千九百萬人觀看了達克沃斯的

TED演講，她的書《恆毅力》（*Grit*）也成為了暢銷書。恆毅力的支持者將其描述為追求長期目標時，目標和堅持的結合。

儘管關於恆毅力對成就的影響存在著許多爭議，支持者仍然認為在各種環境下，恆毅力都能造就成功。他們記錄了恆毅力在各種情況下的影響，從努力在新兵訓練營生存的西點軍校學員，到努力實現每月銷售目標的企業員工。

更重要的是，支持者們認為教育和培訓可以增強恆毅力。他們聲稱，只要日積月累，每個人都可以變得更有恆毅力，並得到這麼做的好處。達克沃斯本人則更強調在培養孩子和學生恆毅力時，父母與教育者的重要作用。

然而，著迷超越了恆毅力，它的目標更有雄心壯志，關注的點更加單一，驅動力也更加冷酷不懈。將貝佐斯、馬斯克，和卡蘭尼克這樣的領導者描述為單純具有恆毅力的人，根本就是不夠了解他們。

貝佐斯花了超過二十五年在挑戰傳統的零售方式，在此過程中，他創建了一家公司，顯著提高全球所有客戶的購物體驗。馬斯克創造許多使用電力和太陽能的產品，而這些革命性產品將防止他認為的環境災難到來。優步的幕後推手卡蘭尼克，著迷於創造更好的選擇，在世界各地的城市中，讓人和產品能更輕易的從一個地點移動到另一個地點。

著迷不僅是追求一個長期的目標。它是實現一項大膽事業時，所需要的單一專注力，以及不屈不撓的驅動力。對於那些努力實現自己遠大抱負的人來說，只擁有恆毅力就像只帶著一把刀就上戰場一樣。

著迷與恆毅力還有另一個不同之處。達克沃斯根據自己的研究和在學校工作的經歷，認為恆毅力沒有明顯的缺點。她寫道：

> 我沒有任何資料顯示極端的恆毅力會有什麼缺點。事實上，那些在恆毅力量表得分最高的人，他們通常都非常成功，而且對自己的生活也很滿意。然而，這並不表示我們應該完全排除「恆毅力太多」的可能性。

在恆毅力方面，幾乎可說是越多越好。但談到著迷時，太過頭反而會帶來傷害。代價可能是一個人的身體和情緒健康、個人和工作關係，在某些情況下，甚至會影響到職業發展（因為過度著迷的行為方式，可能會破壞他們在公司或團隊中的成功）。

過度關注於一件事，也就代表在追求這唯一的目標時，其他的事情會被忽視或犧牲。馬斯克的前妻賈絲汀（Justine Musk）說出與像伊隆這樣執著的人一起生活和工作的感受，她認為，如果你想要的東西和他一樣，那確實是一件令人興奮的事情，但「他得到那些都是有代價的，有時是伊隆本人，有時是他親近的人，總是有人必須付出代價」。

恆毅力 vs. 著迷

恆毅力中的第一個重點：「目標」，在著迷中被放大，導致一個人的思想和行為，被一種持續的想法、形象，甚至欲望支配。生活的其他方面逐漸退居幕後，被當成不重要的、次要的事情，甚至會分散他們對真正重要事情的注意力。對那些正在追求登上職業巔峰的人來說，關注範圍縮小是很常見的事，在職業運動員身上尤其明顯。一位世界級選手的教練指出：

> 所有偉大的運動員或菁英企業家，或多或少都一定有些執著。真正偉大的運動員，那些世界前一%的人，通常完全沉迷於他們所做的事情。他們把運動看得比工作、家庭、人際關係，甚至是自己的健康更重要。

事實上，許多運動員似乎非常願意犧牲生命某一部分，

恆毅力 vs. 著迷		
恆毅力		著迷
目標	→	全心全意的專注
堅持	→	頑強不懈的動力
沒有負面影響	→	高昂的代價

來換得更偉大的運動成就。

他接著說，雖然有一些菁英運動員，對自己能夠駕馭的那項運動沒有狂熱執著，但那只是特例，並不是常態。想在這種高度競爭的領域中獲得成功，就必須縮小自己的關注點。以鈴木一朗的生活和事業為例，這位日本棒球選手，是有史以來最厲害的棒球選手之一。他保持著單一賽季最高安打數的紀錄，如果把他在日本和美國打球的紀錄合併的話，他的總安打數比歷史上任何一位球員還要多。

鈴木一朗從小開始就有條不紊的遵循固定的作息表：伸展、打擊、守備，每一天、每一週、每個月，毫無例外。最初鈴木一朗是在父親的監督下進行，後來在他的整段職業生涯中，也都一直堅持著這個固定作息，整整二十八年。鈴木一朗安排自己時間的方式，則是以五分鐘為一單位，而每個小單位都對提高他的棒球成績發揮了一定的作用。

一位記者在報導中寫下，鈴木一朗「非常有規畫的剝奪了自己生活中的一切，除了棒球」，並指出「他有一・六億美元（按：約四十五・六億新臺幣，一美元折合新臺幣約二十八・五元）的財富，卻無法享受。他理應得到休息，但卻不這麼做。他為自己贏得了自由，卻不去享受」。

美國作家大衛・福斯特・華萊士（David Foster Wallace）也研究了一些職業運動員的生

活，他歸納道：「想在一項運動中出類拔萃，必須『澈底壓縮注意力』。」然而，媒體常常把運動員描繪成完整、平衡的個體，讓他們具備更受粉絲喜愛的個人特質。華萊士寫道：

請注意，這些職業運動員「近距離」和「私底下」的媒體露出，其實很難看出他們生活是否平衡且完整，像是運動之外的興趣、活動，和重視的事情。現實中的頂級運動員，都需要在年幼時期就做出「全面的承諾」，才能在一個領域達到卓越的程度。他們能關注的焦點其實跟苦行僧差不多，幾乎把人類生活中除了目標的其他部分都拋開了，讓自己生活在一個非常狹小的世界裡。

當然，這種執著行為並不僅限於職業運動員。美國知名喜劇演員傑瑞・賽恩菲爾德（Jerry Seinfeld）每年都表演超過一百場單口相聲。現在他已經超過六十五歲，但他絕不是因為經濟原因才繼續這麼做的，因為他的淨資產大約有八億美元。

「我喜歡錢」他說：「但這麼做從來都不是為了錢。」賽恩菲爾德大部分的時間都花在笑話上，他想笑話、編寫笑話，以贏得最多的笑聲。他的一位同儕評論說，大多數喜劇演員都是懶惰的混蛋，而賽恩菲爾德則是個敬業的工匠。

沒有工作的時候，他會前往位在紐約的辦公室，一個人坐在那裡，在黃色的便條本上來來回回修改笑話，持續好幾個小時。他甚至會花費數年的時間，來思考和修改一個笑話，改變它的節奏流向，加入或刪除一個詞，或者改變他在觀眾面前講笑話的方式。

賽恩菲爾德的生活就是關於笑話，把一切弄得順暢，做一個又一個的小小修改。他認為自己身為單口相聲喜劇表演者的目標，就是要讓人們發笑，因此細節很重要。他也會不斷測試自己在單口相聲表演方面的進步，就連觀眾不到二十人的場合也不放過。

他必須表演出這個笑話，才能確定他做的修改是否真有改善，又或者，在大多數狀況下，他會察覺到需要進一步的調整。在描述自己的生活時，賽恩菲爾德說：「我做的很多事情純粹是出於著迷。」

「只專注於一件事物」這種行為特徵，在一些商業領導者身上也很常見。尼古拉・特斯拉（Nikola Tesla）就是這樣的人，他是電氣和無線電技術的傳奇發明者，對世人的日常生活有極大的影響。

特斯拉的貢獻包括交流電的發展，這是當今世界各地使用的輸電網路之基礎。他還率先在各種設備和器具中使用異步電動機（asynchronous motor）。特斯拉曾寫下自己最珍視的東西：「我認為沒有人心中感受到的激動感覺，能比得上發明家看到腦中的發明邁向成功時的感動。這種情緒會令一個人忘記食物、睡眠、朋友、愛情，所有一切。」

特斯拉一心專注於工作的結果，也讓他付出了慘痛代價，忽視了自己的健康、人際關係和經濟保障。最後，他過著拮据且健康狀況不佳的晚年生活，獨自一人住在紐約市的旅館房間裡。

對目標產生熱情，是克服挫折的關鍵

堅持是恆毅力的關鍵成分，對應到著迷者身上，它就成為一種為了實現目標，頑強不懈的驅動力。若只有專注卻沒有動力，那麼即使是最有前景的創意，也可能永遠不會成為讓消費者重視的產品或服務。

格瑞特・坎普（Garrett Camp）是一位創業者，他開發了一款手機應用程式，讓優步得以存在；但卡蘭尼克有著成功必備的堅定動力，才能創建現在每天為超過一千五百萬名乘客服務的企業。坎普之所以刻意將卡蘭尼克帶進公司，是因為他具有雄心和毅力，而要克服優步面臨的巨大障礙，需要這些特質。是卡蘭尼克（而不是坎普）的特質，推動了優步的第一步成長。

頑強不懈的驅動力有幾個層次。首先，那些頑強不懈的人，通常會設定比其他人更高的標準。對他們來說，光是「好」還不夠。想想傳奇電影大師史丹利・庫柏力克（Stanley

Kubrick）的做法。他為了某一部電影，請一位攝影師替倫敦某條路上的每一棟建築拍照，因為這些建築將成為接下來的拍攝地點。庫柏力克需要這些照片，來確保場景是他想要的。電影團隊中的一名工作人員回憶：

真正的重點是，他不想讓透視成為阻礙。如果從一般的街道角度看過去，這些建築會看起來有點向後傾斜，他就無法將它們正確的排列起來……所以攝影師不得不拿著一個大梯子走在路上，爬到十二英尺高的地方，拍攝第一棟建築，然後爬下來，移動梯子到下一棟建築，再爬上去拍下一張照片。就這樣拍完整條路（並不短），而且街道兩側都要。與此同時，他還得接導演打去的電話，叫他加快速度，快點把照片拿去給他。

在商業世界裡，領導者們也同樣頑強不懈，有些人甚至會要求自己的同事也必須表現到最好。比方說，賈伯斯就希望蘋果電腦從內到外，都必須設計得很優雅。某次，賈伯斯注意到了 Apple II 主機板裡的某些零件沒有對齊，於是他就叫團隊重做整塊主機板，雖然這完全不影響機器的性能，也不會被絕大多數用戶注意到（因為他們永遠不會打開被嚴密封住的電腦查看內部）。

貝佐斯要求亞馬遜的電子閱讀器，無論在何時何地，都能夠在六十秒內下載完一本書。

這表示該設備需要在不連接電腦或 Wi-Fi 的情況下，自行連上網路。雖然現在我們覺得 Kindle 具備這個能力是理所當然的，然而，要讓當時貝佐斯的願景成為現實，必須進行非常大量的作業（包括與電話公司協商，允許使用者下載電子書而不必另外付費等）。

馬斯克也是這樣的領導者，他會設定不合理、有時甚至是無法實現的目標，逼著員工完成超出他們想像的任務。SpaceX 公司的一名工程師說：「有些時候我真的覺得他根本是瘋了……我第一次見到馬斯克的時候，他問我：『和天合汽車集團（TRW）公司的成本相比，你認為我們能把引擎的成本降低到多少？』我說：『大概是三分之一。』他說：『我要十分之一。』我心想：『這太誇張了。』但最後，我們也非常接近他要求的數字。」

頑強不懈的領導者也傾向於介入行動細節。雖然大多數管理專家認為，高階管理者應該避免事無巨細的微管理，應該將細節管理委託給其他人。然而**執著的領導者往往會深入流程，每件事情應該如何完成，都必須按照他們的意願。**

馬斯克積極參與 SpaceX 火箭的設計和製造，他同時也是該公司的執行長和技術長。他說：「我對我的火箭瞭若指掌，我可以告訴你表面材料的熱處理回火，在哪裡發生了變化，我們為什麼選擇這種材料，焊接技術……所有事情。」賈伯斯同樣也關注蘋果產品所有微小細節；而貝佐斯，尤其是在亞馬遜創立初期，更會深入評估公司的各種操作項目。

這些人的另一個特徵是足智多謀，有能力找到各種解決挑戰性問題的方法。貝佐斯把他的足智多謀歸功於祖父的影響，他祖父在德州聖安東尼奧附近擁有一座兩萬五千英畝的牧場。從四歲到十六歲，每年夏天貝佐斯都和祖父一起工作。多年後，他寫道：

牧場主人，以及在農村工作的任何人，他們學會了如何完全靠自己，不管他們是不是農民，無論他們在做什麼，在很多事情上，他們都必須依靠自己。我祖父自己負責當牛隻的獸醫；連履帶式推土機故障的時候，我們也會自己修理（它的齒輪非常大），我們會建造起重裝置把齒輪吊出來。對住在偏遠地區的人們來說，這是很常見的事情。

貝佐斯相信祖父能夠克服他遇到的任何問題，就算他沒有相關經驗也一樣。在和祖父一起修理推土機引擎時，他們都是從維修手冊中邊學邊做。貝佐斯希望亞馬遜的同事們也能同樣具備解決問題的能力。

例如，他希望亞馬遜配送中心的負責人能將客戶最晚下單時間延至晚上七點，且第二天仍能收到產品。負責人認為不可能，不過貝佐斯很堅持，最終目標還是實現了。亞馬遜總是不遺餘力的聘僱那些能想辦法解決問題的人，公司的篩選過程除了廣泛的背景調查，還包括類似這樣的問題：「你是否曾解決了大家都認為無法解決的問題？」

要想成為足智多謀的人，就必須願意去克服困難事情所帶來的不快與麻煩。這種心態很接近「熱情」一詞在某些語言裡的意義：

在德語中，熱情這個字是Leidenschaft，字面意思是忍受逆境的能力。這可不是一個那麼美好的詞，不像英語的Passion，已經變成畢業典禮上的俗氣用字。如果你身處日爾曼文化中，且對某樣東西充滿「熱情」，那麼你可能不見得會享受這種感覺。Leidenschaft的意思是：「清楚知道追求的過程會不太愉快，但還是能容忍它，因為得到的結果絕對值得。」

馬斯克具體活出了「熱情」這個詞很難定義的地方。他的SpaceX獵鷹火箭前三次發射都失敗了，若第四次也失敗，很可能導致整間公司的重大危機，這會讓潛在客戶開始懷疑他們是否真有能力將火箭送入軌道。

當馬斯克被問及在每一次發射失敗後如何保持樂觀時，他回答道：「樂觀，悲觀，都去他的！我們就是會讓它成功。老天為證，我一定要讓它成功。」後來，那次火箭發射真的成功了，SpaceX也獲得美國太空總署（NASA）十六億美元的合約。

研究顯示，當其他人放棄時，會選擇繼續堅持的那些人，是因為他們經歷的逆境與其他人不同。史丹佛大學教授卡蘿・德威克（Carol Dweck）專門研究人們如何應對困難挑戰，在研究中，她給受試者（通常是小孩子）嘗試解決不同的困難問題，並且試著分析為什麼有人願意解決困難的問題，有人則不願意嘗試。

換句話說，德威克想知道為什麼有些人會主動去解決具有挑戰性的問題。她發現，預測人們行為的關鍵，在於他們解決問題時如何理解挫折。那些認為問題可以解決的人，比較有可能勇往直前，他們不會將挫折個人化，也不會將其理解為自己的缺點。

這些人有德威克所說的「成長心態」（growth mindset），因為他們相信自己可以從每一次挫折中學習。在面對大多數人認為是失敗的經歷時，這種心態能給他們繼續前進的動力和信心。

相比之下，那些因為挫折而停止處理問題的人，則是把失敗看作自己的缺陷。戰勝逆境的能力，主要取決於人們如何看待挑戰，尤其是，如何看待挫折。

躲在著迷背後，你看不見的昂貴代價

綜上所述，著迷和恆毅力的不同之處，在於著迷是有風險的，必須仔細監控和管理。以下幾個常見的風險尤其關鍵：

・個人倦怠

著迷的人總是冒著使自己的身體、心理，和情緒都極度疲憊的風險。那些全力以赴的人會為了追求一個目標，而犧牲自己的健康、家庭，和社會生活。因為他們的注意力是如此單一，導致他們認為做其他任何事情，都是在占用最重要事情的時間。

馬斯克在反思他為工作付出的個人代價時曾說：「創建一家公司就像是養孩子一樣……你怎麼能說孩子不應該吃東西呢？」在特斯拉的「生產地獄」時期，他會睡在工廠的地板上，百分之百投入去解決生產線上的問題。馬斯克說他這麼做，並不是因為他覺得這是一種有趣的經歷，而是因為他的「孩子」陷入了大麻煩。

據報導，馬斯克在此期間，連續數個月每週工作一百二十小時，讓他自己也承認，這麼做使他對健康和家庭生活付出了高昂的代價。

對工作投入程度的研究，有助於我們認識著迷的潛在負面影響。在一項研究中，研究人員發現有六〇%的員工會在工作中高度投入。這組中的大多數人都有正向的體驗，像是對工作的強烈興趣、對學習新技能的渴望、對實現目標的承諾等。

然而，在這個高投入組中，大約有二〇%的人也說他們感到強烈的壓力和沮喪。對於高投入所造成的負面影響，可能會壓倒高度敬業帶來的正面體驗。對這些高投入、高壓力的人來說，工作成為了一種折磨，對他們的心理和身體健康都造成了傷害。

研究人員稱這些人為「投入——疲憊」組，他們重視自己的工作，但是這些人離職去找另一份工作的可能性，甚至比那些不那麼投入工作的人還要高。研究人員發現，關鍵是工作本身的性質——它帶來的挑戰和造成的壓力，導致負面影響的產生。他們得出的結論是，工作要求越高，人們就越需要支持和機會，讓他們從工作壓力中恢復過來。

那些腦子裡「充斥著單一想法、單一觀念、單一目的」的人，他們的人際關係通常會遇到問題。有一項非常著名的健康心理學研究，追蹤了兩組男性的長期幸福感。研究的主要結論是，**良好的人際關係對身體和情感健康有極大的影響**。然而，若是全身心投入工作，很容易影響他們和家庭成員與朋友之間的聯繫。

本書中提到的領導者們都遇到過這類問題，至少和他們的伴侶或配偶是如此。賈伯斯被他第一個女兒的母親告上法庭，要求撫養孩子。馬斯克已經離婚三次，貝佐斯的長期婚姻也結束了。卡蘭尼克有過幾段戀情，但都沒有結婚。當然，這些領導者並不是什麼特例，因為據估計，美國有近五〇%的婚姻以離婚告終。不過，坊間的證據皆顯示，嫁給一個痴迷於工作的人，可能會相當辛苦。

在最近一次離婚後，馬斯克對採訪他的人說，他想有一段感情關係，但不知道能否實現，因為他把時間都奉獻在工作和孩子上。他還反問採訪者，如果一星期只有十小時能相處的話，是否足以維持一段關係？

・道德崩潰

最有能力成就非凡的領導者，也最有能力破壞他們創造的東西。在某些情況下可能涉及了道德缺陷，就像安東尼・萊萬多夫斯基（Anthony Levandowski）一樣。他是開發自動駕駛汽車的先驅，萊萬多夫斯基的動機可能是出於企業家精神，因為第一家開發出這種技術的公司，將獲得數十億美元的收入。另一個動機也可能是利他主義，因為自動駕駛汽車將比傳統汽車安全很多，並有助於澈底改變生活，尤其對老年和殘疾人士。

萊萬多夫斯基對自動車的興趣，始於他的大學時期，當時他的導師形容：「安東尼・萊萬多夫斯基可能是我這二十年來遇到，最有創造力的大學生。」當他被谷歌（Google）錄用時，在開發街景服務和地圖方面，發揮了相當重要的作用，使得這些產品每天被數百萬人使用。之後，萊萬多夫斯基獲得了谷歌內部的支持，開心投注心力於自動車。谷歌的高層領導認為他是一個有創意的思想家，並且有能力實現他那瘋狂創新的想法。

一位記者在描述他的工作態度時指出：「萊萬多夫斯基對這項專案的狂熱，與他對挑戰的技術能力相符，而且他也願意竭盡全力去達成目標。」萊萬多夫斯基會克服種種障礙，包括谷歌的官僚政策和方式，來實現他的願景。

例如，他購買了一百多輛研究用的汽車，但沒有透過正式的審批管道，而是先把車買了下來，之後才向公司報銷。結果，他的個人支出費用比整個部門所有其他開銷的總和還要高。

谷歌的領導層能容忍萊萬多夫斯基的脫序行為，是因為他們相信他能實現一些別人做不到的事情。公司內部有人認為，谷歌需要像萊萬多夫斯基的人，這樣才能在廣告業務之外，產生新的顯著成長（目前廣告業務是谷歌的主要收入來源）。

沒有多久，支持萊萬多夫斯基的代價就浮上檯面了。有些人說他是高效能的領導者，在推動自動車的發展路上，他只是做了必須做的事情；也有人說他是個傲慢自私、沒有原則的機會主義者。他的一個同事說：「他就是那種，你知道，一個混蛋。一個真的很有天賦的混蛋。」

萊萬多夫斯基開始和谷歌的競爭對手談生意，出售他在谷歌職位之外開發的技術。他聲稱這是合法的，因為谷歌沒有和他簽訂相關合約，限制其他公司使用他的技術。同事們也提出了擔憂，但谷歌高層領導堅持認為公司應該留下萊萬多夫斯基。

後來谷歌買下萊萬多夫斯基的公司，並同意將自動駕駛汽車未來收益的一部分給他，大約是一・二億美元。但這些行動創造出的善意很快就消失了，因為谷歌得知萊萬多夫斯基正計畫成立一家製造自動駕駛卡車的公司，而且正在招募谷歌員工加入他的新公司。接著谷歌就解僱了他。

萊萬多夫斯基新成立的公司後來被優步收購，優步是谷歌在自動車開發領域的主要競爭對手之一。谷歌隨後控告萊萬多夫斯基和優步竊取其智慧財產權，指控萊萬多夫斯基從谷歌伺服器上非法獲取機密檔案。

最後優步和谷歌達成和解，支付谷歌一筆錢，但在此之前，優步也解僱了萊萬多夫斯基，原因是萊萬多夫斯基沒有配合法庭的要求交出證據（反而提出第五修正案〔以法定程序來防止政府權力的濫用〕，說自己有權不這樣做）。

對於萊萬多夫斯基違規行為的嚴重性，以及谷歌為何如此激進的在法庭上追究他，科技界中興起了一場爭論。然而，很明顯萊萬多夫斯基對贏得自動車研發競賽的執著，既帶來了成功，也導致了他最終的失敗。

曾和萊萬多夫斯基共事的人說，他很想發財，但他更大的動機是對開發新技術的熱情。他是個有遠見的人，也有能力做到必須做的事，直到他跨越了一些人眼中的道德底線，甚至是法律界限。

‧懲罰的行為

對於專注實現某個遠大目標的領導者來說，他們對於其他人的第一個、也最重要的評估就是：「這個人能幫助我實現目標嗎？」能提供所需服務的同事會受到重視，而做不到的人則會被邊緣化、受到嚴厲對待，或是被開除。

長時間工作、過度的要求以及高標準，會導致團隊成員疲勞、不滿，甚至造成人員流動。有一位長期在蘋果工作的同事指出，如果自己在賈伯斯眼中不夠「極度傑出」，他心裡就會出現危機感。團隊成員必須每天證明自己的價值，否則賈伯斯就會解僱他們。他補充道：「替他工作並不容易，有時令人不愉快、常常會讓人感到可怕，但這也驅使我們之中許多人做出職業生涯中最好的產品。」

賈伯斯對那些表現不佳的人非常嚴厲的事蹟，有個很有名的例子，發生在賈伯斯與其中一個蘋果團隊開會的時候，這團隊負責開發名為 MobileMe 的檔案管理服務，它的目的是允許使用者在雲端存取和管理檔案。

後來這個專案失敗了，而賈伯斯非常憤怒。在一次全體會議上，他對該團隊成員說，他們玷汙了蘋果的聲譽，而且「你們應該互相憎恨，因為你們讓彼此失望了」。隨後，他解僱了該團隊的領導人，並當場任命了新主管。

賈伯斯的傳記作者華特・艾薩克森（Walter Isaacson）指出，他的觀點很極端，無論是一項產品或一個人，如果不是偉大就是糟透了。因此，艾薩克森說，賈伯斯「脆弱、缺乏耐心、有時相當粗魯」，而有些人會覺得這種說法還算是含蓄了。

貝佐斯對於那些達不到他期望的人也很嚴厲。例如雜誌《加拿大商業》（*Canadian Business*），就曾發表了一篇文章描寫亞馬遜的崛起，標題為〈亞馬遜的傑夫・貝佐斯：天才、執著，和殘酷〉（*The genius, obsession and cruelty of Amazon's Jeff Bezos*）。所有人，包括現任和前任員工，都表示亞馬遜是一個非常辛苦的工作環境。

貝佐斯奠定了這家公司的文化基調，並以對那些不能達到最高水準的人缺乏耐心而聞名。傳記作家史東曾寫道，貝佐斯會在那些令他失望的人的面前說：「這份檔案顯然是B團隊寫的。誰能幫我拿到A團隊的檔案？我不想浪費時間在B團隊的檔案上。」、「你很訝異自己居然不知道怎麼解決這個問題嗎？」以及「你到底是懶惰還是只是無能？」一名前員工談到他在亞馬遜工作的經歷：

> 我很努力，工作內容也很有趣，但說真的，每天我都在擔心，會不會早上一進公司就被解僱了。當然，這已經有點接近妄想症的感覺。但在某種程度上，這反而也有正面的影響，我會不斷更新我的履歷，不斷增加我會的技能，然後我就不必擔心會因為說了什麼愚蠢的話而毀掉我的職涯。畢竟，他們很可能一早就突然解僱我。

如同賈伯斯和馬斯克，貝佐斯也不會為執行高標準而感到抱歉。他還認為，其他人對公司文化的許多批評都是不準確和不公平的。在他看來，亞馬遜是一種緊繃但友好的環境，它確實並不適合每個人，也不是每家公司都應該仿效的文化。貝佐斯認為，這種方式最適合那些想要開拓和發明的人，必須清楚自己需要長期、辛苦，和聰明的工作，來追求艱難的目標。

某些人認為，這些領導人的行為過於執著。然而，也有人覺得他們苛刻的方式，對於打造出消費者重視的創新產品至關重要。山姆•沃克（Sam Walker）在他的書《怪物隊長領導學》（*The Captain Class*）中，強調了區分懲罰型和任務型攻擊的研究。

懲罰型攻擊行為源於個人想要傷害或貶低他人，做這種行為的人是為了殘忍而殘忍，相較之下，任務型攻擊則來自於一種想解決表現差異的欲望，也就是將現存事物與理想事物之間的差異消除掉。

在這種情況下，攻擊性行為是一種有效達到目的的手段，而不是因為想要傷害任何人才這麼做。雖然這只是推測，但本書中描述的領導者的行為，符合第二種攻擊，是為了最終對他人有益的目標。這麼說或許無法讓被他們攻擊的人感覺好受一點，但至少是可以理解的。在這些情況下，不良行為源自於不願意滿足於平庸。

看看這兩名領導者的例子，他們也相信任務型攻擊會帶來好處。崔斯坦•歐提爾尼（Tristan O'tierney）是一名 Mac 和 iPhone 的軟體工程師，歐提爾尼說他明白「直截了當的告訴別人他們做的東西是垃圾」，這種行為也有它的價值。「如果一直說一切都很好，不可能生產出更好的產品。」歐提爾尼會挑戰他的員工，讓他們的表現超出大多數組織和領導者的預期，甚至超出該員工自認為自己能夠達到的水準。

另一位成功的科技企業家亞倫•萊維（Aaron Levie），他會告訴新進員工，他們加入的是一個期望卓越的組織，他相信這會讓許多習慣於低標準的人得到成長。萊維說：「我從賈伯斯那裡得到的教訓是，我可以逼員工表現得比他們能想像的還要好，而且我絕不會匆忙推出任何不完美的產品。」他補充說：「但這種做法的確會給人帶來附加的傷害。」

對於那些想要仿效賈伯斯的人，尤其是他那種管理部屬的方法，比爾•蓋茲提出了警告：「想模仿賈伯斯領導風格中不那麼討人喜歡的方面是很容易的，但是想要複製賈伯斯做到獨一無二的事情，卻極為困難。」

比爾•蓋茲認為，在辨識和激勵人才方面，賈伯斯是他見過最好的領導者。賈伯斯可以蠱惑人們，讓他們狂熱的工作，以實現自己的願景。他警告那些沒那麼有天分的人（對比爾•蓋茲來說，意思就是其他的所有人），如果試圖模仿賈伯斯，只會複製到他領導方式中的「壞」元素。

Linux 作業系統的創建者林納斯•托瓦茲（Linus Torvalds），也執著於開發最好的作業系統。在他的領導下，這個團隊制定了一套「衝突準則」，以確保程式設計師的貢獻達到最高水準：

與「傳統」的軟體開發方式相比，Linux的核心開發工作是個非常透明化的過程。你的程式碼和背後的想法會被仔細審查，而且經常會受到批評。在將程式碼納入之前，審查員幾乎每次都會要求你改進程式碼。要知道，之所以會用這種方式，是因為每個相關人員都希望看到Linux整體成功。

但問題在於，托瓦茲所說的話常常已經超越了工作上的批評，他會直接羞辱那些沒有達到他期望的人。幾年來，他發了數百封粗魯且帶有侮辱性字眼的電子郵件給公司員工。他曾寫信給一個表現不佳的程式設計師說：「請你現在就自殺，這個世界會變得更美好。」

當電子郵件被公開後，托瓦茲說他知道自己與同事的交流方式沒那麼好，但還是對Linux創造的東西感到驕傲，他為自己的行為辯護，認為這就是Linux能如此成功的原因之一。想做出更好的產品，完全的坦率是必要條件。

換句話說，員工表現不佳的代價，高到讓他不在乎自己說的話是否禮貌或政治正確。托瓦茲最近承認，他做得太過火了，因此這位執行長請了一段時間的假。他正在接受培訓，學習「如何改用不同的方式，並修復在行事和工作管理中的一些問題」。而組織中的「衝突準則」也已經變成了「行為準則」，強調安全工作環境的重要性，而所謂安全，就是給予彼此讚美。

・缺乏管理技巧，難以留住人才

幾乎所有重大的成就，都是先以特定的一小群人專注和協作投入、共同努力的結果。這種全心付出的態度，不只領導者必須如此，他的整個團隊也該具備。然而在某些情況下，著迷的人可能會因為缺乏管理和情緒技巧，難以吸引、激勵，和留住高績效團隊。因此，他們無法讓自己的著迷擴展到一定的規模。

例如某位主管，因為他執著的行事風格，導致不論對於團隊或者外部供應商，他都想要掌握一切細節。他認為想生產出偉大產品，有一些必要條件，而他不能容忍任何低於這標準的情況發生。

他的團隊和供應商都對他的領導方式提出了負面的意見回饋，這些回饋也被傳達至公司的上層。上司告訴他，必須改變自己的行為，因為這會破壞專案的成功。在與團隊主要成員發生一系列衝突後，上司認為他無法改變做事的方法，於是將他解僱。

諷刺的是，這位主管其實是最致力於生產高品質產品的人。但他越在意，工作效率就越低，因為他無法和團隊成員以有效能的方式搭配合作。在講究合作的公司文化中，他的管理風格明顯是個大問題，無法鼓勵大家以團隊為基礎一起努力。

很明顯，他認為自己比別人聰明，別人的缺點讓他很受挫，他覺得周圍的人都缺乏實現重要目標所需的聰明才智和投入態度。這位主管明明非常需要這些人的支持以達成目標，但他卻因為自己的行為而疏遠了這些人。

本書中提到的領導者，在擴展自己執著規模的能力上各不相同。貝佐斯和賈伯斯雖然是強硬的老闆，但他們也建立了一支由忠誠同事組成、才華橫溢的團隊。

相比之下，馬斯克的特斯拉員工流動率就比較高，有時還會因為製造業等領域人才的疲弱而受到影響。不過，馬斯克在 SpaceX 建立了一個強大的團隊，該公司已成為主導全球的私營太空探索公司。未來幾年，將決定他在特斯拉是否也能做到這一點。

後面的章節中提到的另一位領導者卡蘭尼克，在把執著的態度推廣到整個優步公司的能力上也受到了質疑。雖然他的團隊推動了公司的爆炸式成長，但優步在重要職位方面存在著明顯的人才缺口。

在他辭職之前的幾年內，優步的高階管理團隊也因離職和解僱而大幅流失菁英，卡蘭尼克的下臺有好幾個原因，但他證明了，那些不能有效將自己全心投入的態度擴展大到團隊範圍的人，從長遠來看，很有可能會失敗。

• 隧道視野——過度集中注意力

上面提到這些缺陷的一個潛在原因，是執著的人通常有一種被認知心理學家稱為「隧道視野」（tunnel vision）的傾向。以領導者來說，他們主要（也可能是全部）的注意力，都只集中在他們認為對實現目標很重要的事情上。隧道視野是有風險的，注意力太過集中於一個地方，會忽略了其他的重要因素。

兩位研究心理學認知功能領域的教授艾爾達・沙菲爾（Eldar Shafir）和山迪・穆蘭納森（Sendhil Mullainathan）認為，這種隧道現象在物資匱乏的情況下尤其普遍。他們的論點來自第二次世界大戰結束時，進行的一項關於飢餓影響的研究結果。

當時歐洲正面臨嚴重的糧食短缺，研究人員想了解糧食匱乏的影響，以及讓人們恢復健康的最佳途徑。為此，他們在明尼蘇達大學招募了三十六名良心拒服兵役者（按：conscientious objector，指由於思想自由、個人良心或者宗教信仰的緣故，而要求拒絕履行軍事服務權利的個人）進行實驗。

研究人員讓這些志願者待在半飢餓狀態下六個月，在此期間他們平均減掉了體重的二五%。研究人員注意到，因為被剝奪了生存所需的能量，參與者的腦中漸漸只會想到食物，其他一切都成了次要的。研究人員原先認為志願者會希望自己能分散注意力，但事實正好相反，他們的腦中塞滿了跟食物有關的想法：

> 這些志願者基本上都很餓，且不停的想吃東西。一般來說，你會認為既然不能吃東西，他們可能就想用其他事情分散注意力。但事實上，他們選擇的對話主題大多圍繞著食物。

像是計畫著要開餐廳，要當餐廳老闆，把食譜背起來，比較不同報紙的食品價格，這就是他們所做的。整個過程中，他們都坐在一起討論與食物有關的事情。

教授們認為，在飢餓者身上顯現出來的狹隘視野，也會出現在生活的其他領域，例如處於必須在有限時間完成任務的壓力之下時。在本書所描述的領導者案例中，他們最感到「短缺」的，就是創造卓越產品和服務所需的時間和人才。當然，隧道視野也不全是壞事，在處理近期的挑戰和需求時，能夠集中注意力當然是有益的。

然而，想要專注，就要有能力從與目標無關的事物上轉移注意力。這樣一來，不相關或分散注意力的資訊和要求，才不會消耗寶貴的時間和精力。「專注於一件事等於忽視另一件事」，因為「專注的力量，同時也是將事情拒於門外的力量」。

當一個人的注意力過於狹隘，導致沒有注意到其他重要因素時，問題就會出現了。在這種情況下，專注的好處很容易變成壞處。在沙菲爾和穆蘭納森的著作《稀缺》（*Scarcity*）中，就有一個隧道視野的例子，講述一位消防隊員在執行任務時犧牲的故事。但他的死因不是我們想像的那樣在火場中喪生，而是在去救火的路上，從消防車裡掉出來而死。會發生這種事，是因為他忘記繫上安全帶，注意力都集中在了進入燃燒的建築後會遇到的事情。他把注意力放在他認為最重要的事情上，結果卻忽略了一些同樣值得他注意的細節。

・著迷的困境

既然著迷有這些潛在負面影響，我們就有理由問，為什麼組織和個人不單純追求恆毅力就好？最直接的原因是，**有些挑戰需要比恆毅力更多的專注和動力**。

組織、企業會因為著迷者而受益，在某些情況下，甚至可以利用著迷者的「工作第一」心態；而對著迷者來說，能夠專心做對他們而言最重要的事情，就是最好的回報。

如果你想透過開發針對大眾市場的電動汽車，來降低環境的碳含量，那你就不可能只藉由在自家車庫裡製造汽車來實現目標，你必須為一家正在生產數十萬輛電動汽車的公司工作，才有機會達成這個願景。

如果你痴迷於太空旅行，你或許可以嘗試自己發射小型火箭，但你不可能連結到國際太空站，或者幫助地球人移民火星。這些人如果想做自己熱愛的事情，就必須在像特斯拉和 SpaceX 這樣的公司裡工作。

著迷的個人和他們的公司，其實都在利用對方來得到他們想要的目標。

很多公司都希望自己的組織裡，存在對某些領域異常執著的專業人士，他們會僱用並獎勵那些有高度專注力和熱情的人。然而，現實情況往往很複雜，正如下面幾章會提到的，著迷會造成極大的破壞性，並可能創造出一種無法長期維持的工作環境。甚至會降低效能、產生衝突與一定程度的壓力，進而削弱組織或團隊長期保持高水準表現的能力。

想想馬斯克在面臨製造困難和財務壓力的情況下，還拚命提高特斯拉 Model 3 車款產量時，那些同事們的感受吧。想想當馬斯克就其推特貼文的合法性，與美國證券交易委員會進行激烈交鋒時，特斯拉股東們的感受吧。

馬斯克是一個技術天才，但有時候會以衝動和接近自我毀滅的方式行事，破壞自己的信譽和公司的生存能力。但話又說回來，沒有馬斯克，就不會有特斯拉，至少不會有目前營運規模的特斯拉。

然而，特斯拉也很可能會因為馬斯克而無法經營下去，這就是背後的風險。馬斯克體現出執著者和他們所屬組織所面臨的核心困境——**著迷既是必要的，也可能是有害的**。

執著人格中潛藏的優缺點，可能導致外界對他們的敘述過於簡單化。正面的故事走向是，這些人奉獻生命於實現一個目標，在逆境中堅持不懈。而負面的故事情節則是，他們有不惜一切代價取勝的心態，並且會以自我毀滅和反社會的方式行事。

領導者也通常會努力以一種和藹可親的方式塑造自己，使得大眾對他們的印象更加歪曲。他們有時會在符合自己利益的情況下，美化自己性格中的某些方面。

許多領導者會透過重複訴說自己的故事，來影響別人對自己的看法。例如，貝佐斯經常講述他在亞馬遜創立初期，與同事一起完成訂單的包裹，並將書送到當地郵局的故事：

> 我對一個和我一起打包的軟體工程師說：「你知道我們該做什麼嗎？我們應該去買護膝。」他看著我，好像我是他這輩子見過的最蠢的人一樣，然後說：「傑夫，我們該買的是桌子，讓我們更方便包裝。」第二天，我買了桌子，生產效率提高了一倍。

貝佐斯仔細塑造了亞馬遜的公眾形象，但如果認為他，或賈伯斯和馬斯克等人，主要是自私和自戀的，那就錯了。這些對執著體現到極致的人們，都只專注在自我以外的東西——通常是一種造福他人的產品或服務。

著迷者不太在乎別人對他們的看法，除非這會對他們的公司產生負面影響。相比之下，自戀者則非常在意別人對自己的想法。

美國知名商業科技記者卡拉•斯威舍（Kara Swisher）指出，貝佐斯在大眾面前表現得或許像個隨和的領導者，甚至會發出響亮而獨特的笑聲。然而她相信，在現實中，貝佐斯更是個強硬而有動力的領導者，一個不在乎人們怎麼看他的人。

斯威舍寫道：「很多科技業者是真心希望被人喜歡，但貝佐斯不是那種人。」我們可以認為，只有在會影響到他人是否願意購買貝佐斯公司的產品和服務，以及是否願意支持他的公司在社會上的地位時，貝佐斯才會在意別人對他的看法。

前文提到的包裝故事，描繪了一個謙虛和懂得自嘲的億萬富翁，這使得貝佐斯和他的公司更有可能受到大眾的歡迎。然而，這並不代表貝佐斯是希望自己贏得讚美。貝佐斯甚至更進一步說那些追求創新想法的人，必須適應不受歡迎的感覺，而且在某些情況下，這種感覺還會持續很多年。這是因為面對打破現狀的想法，當前局面的既得利益者經常會誤解或害怕。

儘管著迷不同於自戀，但實際上，大多數偉大的領導者身上，都能明顯看到這兩種特質。尼古拉・特斯拉說過：「我們的美德和缺陷是不可分割的，就像力量和物質一樣。」以馬克・祖克柏（Mark Zuckerbeg）創建臉書的行動為例，當祖克柏還是哈佛大學的學生時，他和兩個同學一起創建了一個社交媒體網站。在他的合夥人不知道的情況下，祖克柏偷偷開發了一個類似的網站，最終成為臉書。

對於他這樣做的原因，有兩種相反的解釋，有些人認為，他必須迅速行動，將自己的想法推向市場，並從獨立營運中獲益，其他人則認為他的行為完全就是自私自利。

數年後，他的前合夥人對他提起訴訟，指控祖克柏竊取了他們的社交網路理念和部分軟體。據報導，雙方以六千五百萬美元的價格達成和解，這對臉書來說並不是一筆大數目，但足以讓一些人認為，祖克柏的做法不是創業者該有的行為。

不過，我們也必須承認，是祖克柏把臉書打造成了世界上最傑出的社交媒體公司，而不是那位指控他的前合夥人。他執著的專注和不懈的努力，讓他創建了一家卓越的公司，但有的時候，他的行為也會引發人們對他的道德產生質疑。

祖克柏並不是唯一的例子。比爾・蓋茲在職業生涯的某些階段，也是以非常激進的追求目標而聞名。微軟的聯合創始人保羅・艾倫（Paul Allen），和比爾・蓋茲從十幾歲開始，就在西雅圖開始了密切的合作。

艾倫談到他那位有名的合作夥伴時說：「從比爾・蓋茲身上，你很快就能夠看出四件事：他真的很聰明、他很樂於競爭、他很想讓你知道他有多聰明，而且他真的非常、非常的執著。」

他們一起創辦微軟數年後，艾倫得知自己罹患何杰金氏淋巴瘤（譯按：一種惡性淋巴瘤）。接受治療之後，他重返工作崗位，但顯然工作表現已無法達到過去的水準。在他的傳記中描述，艾倫無意中發現比爾・蓋茲和執行長史蒂芬・巴爾默（Steve Ballmer）在討論該怎麼處理他工作效率下降的情況。艾倫聲稱，他們正在討論如何透過發行認股權給他們自己和其他股東，來稀釋艾倫對微軟的所有權。艾倫被激怒了，質問他們：「這簡直不可理喻！澈澈底底展現出了你們的真實性格。」巴爾默和比爾・蓋茲向艾倫道歉，說他們不會執行這個計畫。然而，艾倫很快就從微軟辭職了。

今天的比爾・蓋茲備受尊敬，不單是因為他在微軟的成功，還包括他在全球慈善事業上的努力。他用他的財富和才華，降低世界各地的貧窮和疾病。如果我們相信艾倫的話，比爾・蓋茲，這個全心致力於幫助整體人類的人，同時也是對自己好朋友和偉大事業共同創始人冷酷無情的人。

這並不是在貶低比爾・蓋茲，只是在說明他的個性比一般人能看見的公眾形象更加複雜。就像本書中介紹的其他領導者一樣，他們讓我們知道，那些取得非凡成就的人，身上也多少背負了一些對他人的傷害。

這些人的偉大伴隨著可以預見的缺陷，尤其是那些異常執著的人。想最大限度發揮執著的影響力，我們必須先理解和重視它能提供的東西，同時也要知道，若沒有嚴加管理，執著可能會造成嚴重的過失。

著迷，甘願賭上所有

- 著迷就是把恆毅力發揮到極致。
- 和恆毅力不同的是，著迷有代價高昂的缺陷，必須仔細監控與管理。
- 理解著迷的潛力，需要自我意識和自我調節，而當領導者堅持不懈的拚命實現目標時，他們會忽略這一點。
- 著迷也需要有效的組織反應，包括有技巧的監督和設計良好的檢驗與制衡。

第3章

每天都是亞馬遜的「第一天」，讓傑夫・貝佐斯如此著迷

會在網路上購物的美國人，有超過九二%都曾在亞馬遜網站買東西。一位顧客解釋了它的吸引力：「我可以選擇在晚上九點進入亞馬遜網站購物，而且在兩天之內收到訂購的商品。或者是等到週末，再把全家人塞進車子裡開往大賣場，並祈禱能找到我們想要的每樣東西。」

亞馬遜以一種零阻力的方式，為顧客提供他們想要的一切，成為了「地球上最方便的商店」。它節省了對許多人來說最寶貴的資源——時間。一位商業專家認為，亞馬遜之所以能成為自然壟斷企業（按：由於一個企業能以低於兩個或更多企業的成本向整個市場供給一種物品或服務而產生的壟斷，這種獨占就稱為自然壟斷），並不是因為它的規模和影響範圍，而是因為它有能力以遠超競爭對手的水準，清楚了解客戶重視什麼，並且始終超越客戶的期望。

亞馬遜在我們生活中無處不在，讓人很容易忘記它曾經是一家弱小的新創企業。貝佐斯面對的對手是邦諾書店，當時它可是圖書行業的霸主，擁有數百家書店、數千名員工，收入近二十五億美元。

相比之下，亞馬遜只有一千六百萬美元的銷售額和一百二十五名員工。然而，邦諾書店在西雅圖的競爭對手貝佐斯，正日益成為媒體關注的焦點，並成為《時代雜誌》（*TIME*）的封面年度人物。

邦諾書店希望與亞馬遜達成線上銷售圖書的合作夥伴關係，包括共同經營一個線上網站。亞馬遜的一名董事會成員，在描述這兩家公司領導人討論潛在交易的會議時指出，邦諾書店的領導人曾告訴貝佐斯，他可以選擇當朋友，也能成為敵人。

該董事會成員說道：「那是一次非常友好的晚餐。除了那些威脅之外。」對自己的能力充滿信心的貝佐斯拒絕了合作提議，並以獨立公司的身分繼續發展。不久之後，邦諾書店就推出了自己的網站，意圖打壓亞馬遜。當時有分析師警告投資人，由於邦諾書店開始想要贏得線上圖書銷售大戰，亞馬遜的清算日終於到來，暗示亞馬遜很快就會完蛋了。

貝佐斯把他的員工召集到一起，說他們有充分的理由感到緊張，但不是因為邦諾書店：

我們不能去想邦諾書店擁有的資源比我們多多少。沒錯，你應該每天早上被嚇醒，嚇到床單上都是汗水，但絕不是因為害怕我們的競爭對手。而是要害怕我們的客戶，因為他們才是掌握錢的人。我們的競爭對手永遠都不會給我們錢。

貝佐斯告訴員工，他們要相信亞馬遜的顧客。那些已經接受了亞馬遜和它所提供服務的人會保持忠誠，直到出現了其他企業，給予顧客更多他們想要的東西為止——無論是一個大型的競爭對手或是小型初創公司。

當被問及邦諾書店時，他說他更在意的是那些在自家車庫裡工作的不知名創業者。貝佐斯告訴他的員工，他們不應該被大型競爭對手的聲明，或媒體對亞馬遜的報導分散注意力。相反的，他們應該埋頭苦幹，為顧客提供充足的理由繼續留在亞馬遜。他指出，創新公司的本質就是破壞性的，必須在一些公共領域製造出騷動，因為人們會對這間公司正在做的事情感到好奇，並發表評論。

許多分析師質疑，亞馬遜是否有能力在沒有實體零售業務的情況下繼續成長，更重要的是，它是否願意犧牲短期利潤來投資長期發展，他們認為亞馬遜的獲利模式最終會失敗。而貝佐斯告訴他的同事們，不要理會人們對亞馬遜的各種看法，只需要堅持不懈的關注在顧客身上就好。

貝佐斯的同事們都按照他的要求做了，所以亞馬遜現在是所有線上公司中，顧客滿意度最高的品牌。它的銷售額達到一千億美元的速度，超越歷史上任何一家公司，現在占美國所有網路銷售額的四七%。

相比之下，邦諾書店在亞馬遜崛起後，則是一直苦撐著生存下去。主導亞馬遜地位的其中一個指標就是它的股價，若你在一九九七年亞馬遜剛上市時投資一百美元，到二〇一八年，你的投資將會上漲超過十二萬美元。

而同一時期，邦諾公司的股價卻下跌了近七〇%。亞馬遜在網路零售和其他產業無與倫比的成功，使得它被稱為「死亡之星」，可以擾亂任何產業，威脅任何它鎖定的公司。

從一開始，貝佐斯就很清楚客戶至上的重要性。他認為，沒有一種商業模式能套用每一家公司，各種方法都可能奏效。貝佐斯不建議其他人盲目仿效他的公司，有些公司專注於創造新產品，有些公司專注於利用新技術，還有一些公司專注於擊敗競爭對手。也有一些公司，如星巴克，其最終目的是造福社會。

不同的模式，只要能有效執行，都可以成功。但是貝佐斯相信顧客至上對亞馬遜來說是最好的模式。他認為：「以顧客為中心的方式有很多優勢，但最需要明白的一點是：顧客總是處在一種不滿意的狀態，就算他們總是說自己很開心、服務很棒也一樣。雖然顧客自己也不知道那是什麼，但他們就是想要更好的東西，而始終抱持取悅顧客的願望，會驅使你為他們創造更多。」

他認為顧客「神聖的不滿」，就是亞馬遜的營運方針。這一點非常重要，因為一旦一家公司成功了，或者像亞馬遜這樣，在網路領域占據主導地位，就很容易變得過於自信和自滿。這可能會導致公司對顧客忠誠度、商業模式是否正確，以及未來市場占有率，產生不切實際的假設。

貝佐斯認為，避免自滿的最好方法，就是以顧客為中心，因為顧客總是想要更多，那些專注於服務客戶的人，也就不可能會停滯不前。

過去「令人讚嘆」的產品或服務，很快會就變成今天的「標準配備」。貝佐斯想避免自己的企業落得和柯達（Kodak）一樣的命運。柯達曾是攝影器材產業的領袖，但未能及時抓住市場上新的機會，便慢慢的步向衰退。

以顧客為中心的概念，在快速發展的產業中尤其重要，因為在這些產業中，最具創新精神的公司就能獲得先驅優勢。

「如果你關注的是競爭對手，那你就必須等到競爭對手開始動作，才能有所作為；以顧客為中心，則可以讓你領先所有對手。」貝佐斯還認為，以顧客為中心會帶來創新，迫使競爭對手必須競相追趕你。

也就是說，其他公司要花大量精力跟上亞馬遜的腳步（比如提供兩天內到貨的服務），就無法預測和保持領先滿足客戶的需求。貝佐斯認為，大多數大型科技公司都比較關注競爭對手，而不是客戶。

貝佐斯關注顧客的一個例子是，在亞馬遜創立初期，他曾隨機挑選一千名顧客，發電子郵件給他們，詢問他們除了書以外，還想在亞馬遜上買什麼。他對顧客建議的範圍感到驚訝，因為看起來幾乎是隨機的，什麼東西都有。

貝佐斯看完這些回饋後，統整出一個結論：「任何顧客們需要的東西，他們都想在網路上買到。」他說那些建議亞馬遜應該「堅持本業」（只賣書）的人，給他的是很糟糕的建議。後來，貝佐斯發展出現在的「萬能商店」，提供數百萬種不同的產品。

從貝佐斯的年度股東信中，就可以明顯看出亞馬遜對顧客的重視程度。記者比爾・墨菲（Bill Murphy）分析了二十三年來的股東信件，總共大約有四萬四千字。他發現，最常出現的關鍵字是「顧客」，在二十三年的時間裡，總共被提及四百四十三次。

相比之下，「亞馬遜」出現三百四十次，而「競爭」只有二十八次。任何讀過貝佐斯寫過的文章，或聽過他演講的人都很清楚，貝佐斯強調的是顧客，而不是競爭對手。因此，亞馬遜十四條領導原則中的第一條為「顧客至上」，就一點也不令人意外了。

其實，多數大企業在公司價值觀的陳述中，都會包含一些以顧客為中心的觀點。沃爾瑪（Walmart）強調「為顧客服務」，告訴員工要把顧客放在第一位，去預測並滿足顧客的需求。但亞馬遜的獨特之處在於，它真的吸收了這種看似老掉牙的論點，並藉由一種系統化的方式，讓它體現在公司的業務中。

亞馬遜有一個清晰的客戶服務策略，更重要的是，有這些流程和方法，使得重視顧客不再只是陳腔濫調。以顧客為中心用說的很容易，但這麼做就困難得多，成本會更高，風險也會更大。問題是，當亞馬遜成為一家日益龐大、複雜的公司時，它是如何持續將營運重點放在顧客身上？

以顧客為中心的「成長飛輪」

亞馬遜的策略應用方法，建立在一種名為「成長飛輪」（growth flywheel）的系統，這是一種策略性思考方式，起源於美國管理學家詹姆•柯林斯（Jim Collins）的想法。亞馬遜的飛輪以盡量低廉的價格，為顧客提供最廣泛的產品選擇。

如果執行得好，就會帶來正面的顧客體驗，進而讓網頁造訪次數增加，老客戶和新客戶的消費額也會增加。不斷擴大的顧客群也會吸引更多的外部賣家（亞馬遜則按銷售額的百分比向他們收取費用）。

更多的付費買家和賣家提供了必要的資金，用於投資升級亞馬遜的基礎設施（包括建立新的、高度自動化的倉儲配送中心、更強大的計算能力，以及開發新的產品類別，像是Echo智慧家居等設備）。這些投資可以降低成本、加快運送速度、提高產品品質，然後這些好處集結起來，又能帶來更多顧客。

改善飛輪中的任何部分，都能使它轉得更快，形成推動成長的良性循環。舉個例子來說，亞馬遜決定讓其他公司也加入這個世界上最有價值的網路平臺。貝佐斯不顧團隊中某些人的反對，做出這個改變，原因有兩個。

首先，擁有第三方賣家可以增加顧客能挑選的產品數量，並迫使亞馬遜的所有賣家，包括亞馬遜的內部商家在內，都保持最低價（因為亞馬遜要求外部賣家，與其他網站和零售店相比，他們在亞馬遜的價格必須是最便宜的）。

其次，第三方廠商允許亞馬遜利用其在某一領域的投資，來賺取收入（配銷），為未來的增長提供資金。第三方廠商的產品銷售以驚人的速度增長，在過去的十年裡，每年都超過五〇％。亞馬遜在其物流能力方面也採取了類似的做法，為無法複製亞馬遜服務的公司提供運輸和帳單服務。

其他公司的目標，不應該只是模仿亞馬遜的策略，而是要學習它建立競爭優勢的方法。每家公司的成長飛輪會因其產業、歷史、能力，和顧客而有所不同。亞馬遜的經驗告訴我們，重點是弄清楚哪些重要領域能讓自己的顧客受益，以及這些因素如何相互作用以加速增長。

對於那些願意投入改善飛輪中各個領域的公司來說，要展現良性循環如何推動公司成長，亞馬遜或許是最好的例子。例如，現在亞馬遜正在投資數億美元，打造為大多數客戶提供一日送達服務的能力，因為它相信這將為公司業務帶來更大的成長。

在亞馬遜，由外向內的思維模式，是指從顧客開始：「為了顧客的利益著想，我們應該如何制定策略，並提供對顧客來說真正重要的東西？」這種方法與許多公司的常見做法相反，因為他們通常都專注於擊敗競爭對手，並只想將短期利潤最大化。

「逆向工作法」——亞馬遜會提醒你，這本書你已經買過

邦諾書店推出網站時，主要的考量是如何保護其核心零售業務，不受亞馬遜日益增長的威脅。而亞馬遜思考的是，如何利用網路這個強大的新技術，提供新的功能和服務來取悅顧客。

這種想法並不表示這間公司（包括亞馬遜在內）在市場競爭中就比較沒有侵略性，然而，就目前兩間企業的結果來看，這確實表明了，首先要做的應該是站在顧客的角度去思考，再決定下一步要做什麼。

貝佐斯曾說：「我聽過一個關於巴菲特的老故事，他的桌子上有三個盒子：要執行的、要淘汰的，還有太難的。每當我們遇到那種太難的問題，陷入無限循環，無法決定該做什麼時，我們都應該試著把它轉化為一個直截了當的問題，那就是：『對消費者來說，怎麼做比較好？』」

更具體的說，亞馬遜希望任何新提案都必須包含三個元素：

第一是發布產品或服務時，發給媒體的新聞稿摘要，內容包括描述這項新發明，以及它吸引客戶的原因。

第二是「常見問題」摘要，必須事先預測顧客想要知道什麼，或是他們在該產品或服務上會遇到什麼問題。

第三個部分則要描繪顧客與產品的互動，包括顧客體驗的模型和反饋。

每一種「逆向工作」方法的具體細節都是可變化的，重點就是從顧客開始，傾聽他們的需求，發明一種讓他們開心的新產品或服務，然後將其個人化到能實現的最高程度。

有幾項服務展示了亞馬遜這種由外向內思維的應用。亞馬遜上線才一年，就開始提供顧客寫書評。許多評論是正面的，但也有一些是負面的（還有少數非常負面）。貝佐斯認為這些評論可以幫助顧客決定他們想要什麼書，所以決定無論好壞評論都刊登。

亞馬遜還將顧客給出的評分（五顆星、四顆星……）進行了平均，雖然這在現在看起來很普通，因為幾乎所有的東西，都可以在網路上找到顧客評論，但在亞馬遜剛開始這個做法時，許多出版社的反應卻有些激動。

一些出版社希望亞馬遜只列出正面的評價——那些寫下這本書很好看並值得購買的留

言。因此有人指責貝佐斯，說他沒有意識到自己應該要靠推廣圖書賺錢，而不是抨擊它們。

但貝佐斯則認為，顧客可以透過參考別人的想法而受益，且這也有助於他們做出最佳的購買決定。從長遠角度來看，提供評論可以促進信任，帶來更忠誠、更願意消費的顧客。

另一個由外向內思考的例子是，亞馬遜決定讓顧客知道他們是否已經購買過了某個商品。例如，買很多書的人，有時候會忘記自己是不是幾個月，甚至幾年前就買過同一本了。許多人常常買了一本書，卻從來沒有時間去讀。

貝佐斯認為即使這樣做會導致銷量減少，亞馬遜也應該向顧客發出提醒，告訴他們可能重複訂購了自己已經擁有的東西。因為他知道，顧客會很欣賞阻止他們重複購買的功能。這個功能也能夠預防不必要的退貨，因為顧客已經確定自己有了這本書，這也能夠省下顧客和亞馬遜處理退貨和重新上架的額外成本。

這兩個例子說明了以顧客為中心的決策，能夠讓消費者的生活更輕鬆、更好。當然，該公司如此重視顧客，並不是完全出於利他的原因，一方面也是為了建立自己的競爭優勢。

在這種執著不懈的努力中，最著名的例子應該是亞馬遜開發並申請專利的「一鍵」結帳流程。顧客的所有詳細資訊，包括寄件資訊和信用卡資料，都儲存在亞馬遜的資料庫中，訂購產品時，只要按一下就可以讀取。

就跟其他功能一樣，現在我們認為簡化訂購程序是理所當然的，因為幾乎所有電子商務都有這功能。然而在剛推出時它真的很新潮，並成為了競爭優勢。

亞馬遜的「一鍵」專利，因其非原創和潛在的不公平而臭名昭著（有些人不明白一家公司怎麼能為這樣普遍的程式申請專利）。它迫使競爭對手在結帳過程中增加步驟，或如果他們提供一鍵結帳，就得向亞馬遜支付授權費。「一鍵」的故事也證明在努力獲得最大利益方面，亞馬遜有多麼頑強，無論是為了顧客，還是為了自己。

打客服電話是一個警訊，它代表顧客沒有被滿足

亞馬遜支持以顧客為中心的理念，貝佐斯和他的領導團隊會定期追蹤一套詳細的顧客指標。這些指標比財務數據更為重要。貝佐斯指出，像淨收入和營業額這樣的標準指標，並沒有出現在亞馬遜的四百三十二個內部目標中。

因此，亞馬遜對待顧客指標的方法，比大多數公司都要嚴格，有些公司甚至根本沒有顧客指標，或是以錯誤的方式使用它們。顧客指標應該與公司的策略成長飛輪連結，對亞馬遜來說，就像之前所述，這代表提供最好的產品選擇、最低的價格，和最快的送達速度。

例如，亞馬遜會追蹤每一件產品被撥打客服電話的次數，並盡可能做到減少。亞馬遜

認為打客服電話是一個信號，表示它沒有提供顧客需要的東西，是某樣事物不對勁了的警訊。客服收到電話就表示有事情出錯，需要仔細理解並預防錯誤（而不只是解決眼前的問題就好）。貝佐斯指出：

對我們而言，完美顧客體驗就是顧客不會想與我們交談。每次有顧客聯絡我們，我們會把它當作是一個失誤。這件事我已經說了很多、很多年了，人們應該和他們的家人朋友交流，而不是把時間花在和商家的客服人員溝通。

我們會運用所有的資訊，找出顧客會打電話來的根本原因。到底是哪裡出了錯？為什麼那個人必須打電話來？為什麼他們不把時間花在和家人聊天，而是和我們說話？我們要如何解決，並預防再次發生？

在亞馬遜的數百個目標中，有近八〇％都與公司滿足顧客需求的程度有關，尤其是在選擇、價格，和寄送這三個必不可少的方面。例如，亞馬遜會追蹤網頁載入的時間，節省在一秒之內，因為它不希望人們在找想要的產品時還要等待。

亞馬遜同時也追蹤了數百萬種產品的存貨量，以及數十億張訂單的寄送時間。還有更複雜的指標，包括每位用戶點擊的地方和每個頁面被開啟的次數，這些數據都是亞馬遜用來衡量是否滿足顧客需求程度的「結果」。

貝佐斯希望他的團隊能夠監控與使用指標，來改善公司的營運。在美國作家布萊德・史東的《貝佐斯傳》中，描述了一位沒做到這點的高階主管的遭遇。

這位主管負責亞馬遜的服務中心，貝佐斯曾經問他，接聽顧客打進公司的電話需要多長時間。雖然貝佐斯完全不想要有這些通話，但他也希望亞馬遜能好好處理那些打進來的電話。這位主管告訴貝佐斯，等待時間平均不到一分鐘。聽起來顧客不需要等待太久，但問題是，這位主管沒有給出能支持這個答案的具體指標。

貝佐斯立即停下對話，並拿起會議桌上的電話撥打亞馬遜客服電話。在他的領導團隊面前，貝佐斯開始計時，看這通電話需要多久時間才會有人接聽。幾乎過了五分鐘，終於有一個客服人員接起電話。貝佐斯謝過他之後掛掉電話，並嚴厲的批評了這位剛剛目睹事件發生的主管。

貝佐斯相信，在大多數情況下，指標可以提供資訊，讓公司做出更好的決策。他以當年亞馬遜在網路泡沫期間所面臨的挑戰為例子：亞馬遜在不到兩年時間裡，損失了超過九〇%的價值，不過，當時公司的內部指標都是正面的。例如，顧客數量迅速增加，訂單處理的缺陷數字迅速下降。當時貝佐斯不斷告訴他的員工，要繼續專注於顧客，打造亞馬遜品牌。他沒有理會那些批評者，包括那些說亞馬遜之所以還有生意，是因為他將「一美元的鈔票賣九十美分」的人。因為貝佐斯手邊的數據告訴他，當亞馬遜發展到足夠大的規模時，公司就一定會轉虧為盈，股價也會反彈。當然，事實證明，結果比他預期好太多了。

貝佐斯最關心的事：顧客

貝佐斯認為，一間公司成功的因素，在於確定顧客長期以來在乎的「關鍵少數」是什麼，然後把執著用在改善這些領域的表現。

在公開演講時，貝佐斯經常被問到未來會有什麼改變。然而，人們很少會問什麼是不變的。在他看來，第二個問題也很重要，甚至比第一個問題更為關鍵。

如前所述，亞馬遜顧客關注的是選擇、價格，和寄送。貝佐斯開玩笑說，他無法想像有一天會有顧客告訴他，他們想要更少的選擇、更貴的產品、更慢的送貨速度。高階領導者的主要角色，就是針對不變的顧客需求，進行持續的特別處理。他希望亞馬遜能在顧客要求之前，就有所改進，而這需要一種由內部驅動的精進思維模式，並著重在最能夠影響顧客的細節。

貝佐斯說：「我從來沒有見過哪個優秀的高階主管，不會主動去加強那些能帶來高成長的業務，如果他們認為某些領域非常重要，他們就會從頭到尾仔細檢查每個環節，看看是否有能改進的地方。」

亞馬遜產品的定價就屬於這種領域。貝佐斯明白在維持顧客忠誠的方面，定價有多麼重要，他希望人們看到，他們所購買的產品，就算不是最低的價格，也是很划算的選擇：

當人們在討論亞馬遜給消費者的價格為什麼這麼低時，我仍然在不斷的刪減成本，並與處理這些相關工作的人員交談。因為我需要確保亞馬遜隨時都是有競爭力的，並專注於為顧客提供我們能拿到的最低價格。我認為這是一件非常重要的事情，從公司的最高級主管到第五級工作人員，都得參與其中。

亞馬遜也會投資提高公司效率所需的東西，讓他們可以持續保持低價。以亞馬遜的大型倉儲配送中心為例，其中一些倉儲配送中心有二十個足球場（按：約三萬兩千坪）那麼大。在節慶假期期間，這些大型中心每天配送超過一百萬份包裹。亞馬遜目前正在使用第八代中心，且每一代都比上一代更好。

亞馬遜的改進努力，也不一定都是大範圍的更動。貝佐斯會定期檢查來自顧客的電子郵件，並在適當的時候把這些資訊告訴他的團隊。他的期望是，以一種能夠找到缺陷根源的方式，把這個問題解決掉（避免它在其他顧客身上再次發生）。

某位亞馬遜主管談到有關顧客抱怨的話題：「我們會仔細研究每一個抱怨，因為它們能告訴我們一些關於流程的疏失。這是顧客為我們做的審核，我們把它們當作寶貴的資訊來源。」也有一位顧客指出，她曾在打開包裝時遇到了問題，並向亞馬遜反應，而他們隨後就修改了包裝，使其更容易打開。

亞馬遜會按照問題的嚴重程度進行分類，讓員工知道找到解決方案的緊迫性。像是網頁載入問題，就屬於嚴重緊急情況（亞馬遜術語為「Sev-1」），需要動用所有必要資源來解決。比較不那麼重要的問題就評為「Sev-5」。而來自貝佐斯的電子郵件，是一個單獨的分類，非官方的說法是「Sev-B」。貝佐斯有時會轉發電子郵件給部屬，並只加上一個「?」。這種郵件的意思是，他希望收到郵件的人能夠弄清楚問題是怎麼產生的，需要什麼來解決問題，並盡快把答案交給貝佐斯。

亞馬遜的領導原則之一，就是貝佐斯一直在強調的「深度挖掘」。它指出：「領導者要深入各個環節，隨時注意細節，經常進行審核。當公司衡量出的指標和從顧客得到的回覆不一致時，要保持警惕。好的領導者不會遺漏任何細節。」

創造連顧客都不知道自己需要的東西

貝佐斯指出，公司有許多成功的措施，都是藉由傾聽顧客的需求而產生的。他在談到亞馬遜的網路服務團隊（AWS）時表示：

亞馬遜在AWS中構建的東西，有九〇到九五％，都是由顧客說出他們想要什麼而促使我們行動的，我們的新資料庫引擎「Amazon Aurora」就是一個很好的例子。

傳統商業級資料庫廠商的缺乏相容性、高成本等情形，令不少顧客感到很不方便。雖然許多公司已經開始轉向更開放的引擎，如MySQL和Postgres，但還是難以達到他們所需要的性能。

顧客問我們亞馬遜是否可以消除這種不便利性，這就是我們打造Aurora的原因。它具有商業級的耐用性和功能，完全相容於MySQL，但性能是典型MySQL的五倍，而且價格只有傳統商業級資料庫引擎的一〇％。

貝佐斯認為，傾聽顧客的聲音，只是建立一家成功公司所需的其中一部分。另一項任務可能更為複雜，那就是代表顧客發明新產品和新服務。他告訴他的同事，**創造連顧客都不知道自己需要的東西，是亞馬遜的職責。**

其中一個例子就是亞馬遜的 Prime 服務，只要支付年費，就可以不限次數的免運費。貝佐斯常說：「在亞馬遜提供 Prime 服務之前，顧客並不知道他們想要這個。」

目前，有超過一億人成為了 Prime 會員，等於每兩個美國家庭就有一個加入。Prime 也是亞馬遜不斷嘗試新方法，然後每年都改進得更好的其中一個例子。舉例來說，Prime 現在除了免運費外，還提供了一系列服務，比如串流影音節目。目標是讓使用者擁有更多加值功能，以至於他們會覺得如果沒有成為 Prime 會員，就好像辜負了自己。Prime 的故事與亞馬遜的 Echo 智慧型家電類似，它一開始並不是顧客所要求的東西，但現在許多人的生活卻少不了它。

亞馬遜為顧客所做的一些創新，需要承擔巨大風險，其中一個例子就是書籍「內文預覽」的功能。亞馬遜認為，允許顧客先看到一小部分內文，對銷售會有所幫助。

然而，獲得出版社的許可並不容易，掃描書籍也是一項昂貴又費時的工作。但亞馬遜還是做了，最初提供了十二萬本書的部分預覽，為了適應新功能，他們需要對資料庫進行重大升級。而貝佐斯和團隊抱持的理念是，這樣做對顧客比較好，所以必須去做。

同樣的，在提供 Prime 服務方面，風險也很明顯。除了要負擔昂貴的運費成本，亞馬遜進行的內部分析也顯示，這項服務將導致重大損失。貝佐斯知道顧客會喜歡不限次數的免費寄送服務，於是他就實施了這個計畫。這項服務現在也成為了亞馬遜吸引顧客的核心。

亞馬遜代表顧客進行創新的另一個例子，是它的Kindle閱讀器。貝佐斯目睹了民眾多麼迅速的接受蘋果公司的iPod串流媒體音樂，導致音樂CD的銷售量大幅下降（包括亞馬遜販售的音樂CD）。他知道許多公司之所以失敗，是因為他們不願擠壓自己的業務，結果，當一項新技術侵蝕了他們的商業模式時，他們就連業務都沒得擠壓了。很明顯的，柯達的故事就是如此。

除了專注於為顧客提供更好的產品，貝佐斯也擔心其他公司會先開發出電子閱讀器，削弱亞馬遜在網路圖書銷售市場的主導地位。所以儘管亞馬遜沒有製造複雜設備的經驗，貝佐斯還是決定要推出Kindle。這讓當時亞馬遜的一些高階主管認為，即使他們花費大量資金，也仍然無法生產出顧客想要的產品。

不過亞馬遜的其中一個經營原則是，在必要時提出異議，但一旦做出決定了，就必須盡心盡力（即使它與你認為的正確決定不同）。一個團隊成員寫道：

> 當我們在決定是否要做Kindle時，傑夫（貝佐斯）向董事會提出了他的想法。當時我想：「我們是一家做零售業務的軟體公司。我們對硬體一無所知。」我本身來自硬體公司，

所以我知道這有多複雜。我說：「我覺得我們不應該這麼做。」我預測收益會很困難，我們可能趕不上第一個發布日期等等。我預言的許多事情，後來確實都發生了，但這並不重要。傑夫當時說：「這是為顧客而做的正確事情。」我不同意，但我全心投入去做，而且我也很高興我這麼做了。

先準備，後發射，再調整

貝佐斯認為，公司應該同時投入大量的開發專案，不過他也深刻了解，只會有少數項目能產生很大的回報，大部分都會失敗。然而，當成功出現的時候，其他的失敗也就值得了。此外，所有失敗都會帶來教訓，這也能對公司未來將推動的專案有幫助。

長期觀察亞馬遜的人們，將這種方式描述為「準備，發射，調整」，而不是「準備，瞄準，發射」，從這裡可以看出貝佐斯認為**犯錯是可以接受的，甚至是無可避免的，但不敢抓住新機會則是不能容許的**。

貝佐斯希望亞馬遜能以超乎尋常的比率，積極支持各種試驗，而且是在公司當前商業模式之外的領域。他們最近開始涉足保健行業，並希望利用亞馬遜的核心能力，為人們提供更好、更便宜的醫療產品和服務。

在採用這種方法的過程中，亞馬遜遭遇過一些重大失敗。它推出過一個類似 eBay 的網站，叫做 Auctions，然後還有另一個也很類似的網站，叫做 zShops。兩者都失敗了，於是公司果斷結束了它們。然而，在這過程中的學習，造就了現在大為成功的 Marketplace，也就是由亞馬遜銷售第三方廠商生產的產品。貝佐斯寫道：

> 這段經歷實際上是我們公司歷史上的一個亮點，我在公司內部一遍又一遍的講述這個故事，因為它體現了我們堅持不懈的精神。
>
> 創建這網站一開始的想法是：我們有了這個賣東西的網站，但我們想要有大量的產品可選擇。而要獲得大量產品的方法之一，就是邀請其他賣家、第三方廠商，到我們的網站上一同參與銷售，使之成為一個雙贏的局面。
>
> 所以，我們做了 Auctions，但結果不盡滿意。接下來，我們打造了 zShops，但第三方廠商仍然無法完美結合……我們還是不滿意得到的結果。一直到我們更改商品頁面的模式時，這些第三方廠商的生意才真正起飛。

Marketplace 的成功仍在進行中，亞馬遜正努力控管非法、標示錯誤或仿冒的第三方廠商產品。Marketplace 的模式為公司帶來了巨額收入，但由於向亞馬遜客戶提供產品的供應商數量眾多，因此也帶來了挑戰。

亞馬遜最明顯的失敗是 Fire Phone，這款手機在 Marketplace 上市不到兩年，就讓公司損失了一．七億美元，並受到媒體和民眾的廣泛批評。許多人甚至認為它玷汙了亞馬遜的品牌。不過，亞馬遜從 Fire Phone 中學到的一些教訓，以及在那次失敗的努力中發展出了一些能力，對其智慧型家電 Echo 的成功，有了關鍵的推動作用。

貝佐斯稱失敗為發明「密不可分的孿生兄弟」，他認為**若想要創新，就必須對失敗有極高的容忍度**，因為這是在嘗試新事物時不可避免的。作為執行長，貝佐斯的職責之一，就是在大多數領導者（主管）對一個創新想法說不的時候說「好」。他希望亞馬遜成為一個「創新機器」，增加與顧客測試的實驗數量，看看哪些計畫可行，哪些不可行。

每一個成功的專案，比如 Marketplace，也都經歷過大大小小的失敗，讓他們知道哪些東西不能帶來新的亮點和服務。例如，亞馬遜嘗試將一位顧客的購買模式，與購買類似商品的其他人進行比對，這項服務甚至更進一步，將某個顧客的購買行為，與另一個購買歷史最相似的人相匹配。這能讓顧客看到購買類似物品的人還買了哪些商品，同時推薦他們可能想購買的其他東西。貝佐斯說，當時他和同事們一致認為這會是一個有益的功能，但顧客卻忽視了它，大部分的人不覺得這功能有任何價值，所以都沒有使用它。

每天都是亞馬遜的「第一天」

貝佐斯用「第一天」這個詞來描述他想要的亞馬遜文化。這是超過二十五年前，這家初創公司工作的思維模式。有很多公司會隨著年齡的增長而衰退，因為它們失去了早年公司在努力發展時的活力和魄力。而貝佐斯不希望亞馬遜的非凡成功，演變出一種孤立自滿的文化。

隨著亞馬遜發展成為美國第二大私營公司，擁有超過六十五萬名員工，貝佐斯仍試著保持小型初創企業的精神。他認為如果不這麼做，最終會導致公司滅亡。「第二天就是停滯。」貝佐斯如此說道。

貝佐斯告訴他的同事，和所有其他的企業一樣，亞馬遜最終會衰敗。所以他們的目標就是藉由積極關注顧客，盡可能推遲這一天。這麼做有助於防止公司的視野、目標變得狹隘，以及失去敢冒風險的心態，在公司規模越來越大、業務越來越複雜的情況下尤其重要。

亞馬遜一開始只是一家小型企業，沒有既定的系統或流程，每個員工彼此密切合作，以一種全新的方式，經由網路銷售和配送圖書給顧客。對顧客的深切關注，已深深印在亞馬遜的DNA裡。「第一天」的工作環境在小型初創企業中很常見，但在已經發展到亞馬遜這種規模的公司中卻非常稀有。貝佐斯知道，挑戰就在於如何保持那種能讓員工們不斷發想創意、推動公司進步的獨特文化。

亞馬遜的第一天文化，也包含了一種強烈的職業道德。在亞馬遜的一次大型會議中，一名員工詢問貝佐斯，為何對工作如此高要求？他回答：「我們在這裡的原因是完成任務，這就是最重要的事情……這就是亞馬遜的DNA。如果你不能把所有東西都做到最好，這可能不是適合你的地方。」

隨時保持高標準的工作環境，使得一些人形容亞馬遜很「嚴苛」。但貝佐斯不同意這種觀點，他說：「緊繃性很重要。我總是告訴人們，我們的文化是友善而緊繃的，但如果緊要關頭來臨，我們就只會有緊繃。」在某些員工看來，這等於要把工作視為最重要的事。

而亞馬遜裡的某些同仁也認為：「**平衡工作與生活，是說給那些不熱愛自己工作的人聽的**。」亞馬遜努力吸引這種「傳教士」，因為這些人比較有可能代表顧客進行創新，並能在一個以顧客為中心的文化中茁壯成長。那些做不到的人，會感到不自在而離開。貝佐斯相信，經由這個過程，公司的文化能夠不斷自我強化。

亞馬遜還將其對顧客的重視，融入到招聘條件中。**公司希望僱用那些比較關注顧客，而不是競爭對手（或短期財務業績）的人**。亞馬遜的一位高階主管指出：

在面試時，我們會使用領導原則作為指標，來幫助我們評估一個人是否適合進入我們公司。在不同的情況下，你可以決定優化顧客體驗，或是將資源用在領先競爭對手。亞馬遜當然也會關注競爭對手的動向，但我們更「執著」於顧客。如果我發現面試者表現出過於關注競爭對手的傾向，那麼他們可能就不太適合這裡。

亞馬遜會利用所謂的「提高標準者」（bar raisers），來增加招募到能力強、符合亞馬遜文化員工的成功率。這些人可以評估面試者的能力，包括他們對顧客關注的深度。由他們面試非自己專業領域的潛在員工，目的是增加新職員的「命中率」。即使人事經理想要錄取這個人，這些提高標準者也有權否決。面試團隊必須一致同意，才能聘僱某位申請人。貝佐斯寧願面試五十個人而不錄取任何一個，也不願僱用錯的人。

在二〇一六年寫給股東的信中，貝佐斯還提到第一天文化中「高速決策」的重要性。他認為，「第二天」公司做決策的速度很緩慢，即使這些決策是正確的。然而，充滿活力的文化，就會有快速做出高品質決策的要求，因為行動快的人會獲得優勢。

但這並不表示所有的決策都必須高速進行，有些問題被他稱為「不可逆轉的單向門」，這就需要比較長時間和更嚴格的審查過程。然而，大多數決策都是在資訊不完善的情況下做出的，相關資料可能只有主管或團隊期望的七〇%。這種決策方法的關鍵就在於，迅速糾正錯誤的環節，將潛在的損害降到最低，並給員工信心，在其他領域繼續果斷前進。

這與那些員工們不表達異議（至少在會議上不表達），或不肯盡心執行決策的公司，形成了強烈對比。這兩種行為都會浪費時間，並損害公司的整體業績。而有效運作的另一個關鍵，則是盡快將沒有共識的問題呈報到更高階主管那裡，以得到解決方案。當初在討論第三方廠商的產品，是否該出現在亞馬遜主要產品頁面上時，貝佐斯就是以此種方式解決的。這個決策起初在亞馬遜內部引起不小的爭議，但現在的事實證明，此舉為亞馬遜帶來了很大的收益。

顧客至上的注意事項

執著於顧客至上並非沒有缺點，對一個以顧客為中心的企業來說，最大的困難就是，無法實現它在市場中創造的期望。正如貝佐斯指出，顧客曾經認為了不起的東西，很快就會變得很平凡（比如兩天內送達商品）。如果公司不能實現他們自己創造的期望，很快就會成為成功的受害者。

而另一個要解決的問題是，領導者不能過於堅持自己說過的話或做過的事。例如，貝佐斯持續不斷的強調要關注顧客而不是競爭對手，不過，在他的一封股東信中，他描述了與 eBay 相比，亞馬遜在不斷增長的第三方廠商銷售方面表現如何。

根據貝佐斯過去總是堅持把重點放在顧客，而不是競爭對手上的論點，他竟然會做出如此公開的比較，實在令人驚訝。當然，亞馬遜會留意它的競爭對手，但它不會偏離自己核心的理念，也就是顧客優先於競爭對手。其他以顧客為中心的陷阱還包括：

・缺乏創造力

努力取悅顧客的公司，可能會滿足於針對當前需求做出改進。這些公司或許反應迅速，但不一定具有創造性。顧客通常無法發想出全新的產品和服務，如同貝佐斯很喜歡說的：「沒有一個顧客曾說過他需要類似於亞馬遜 Prime 的服務。」因此，**重視顧客必須同時結合創造性發明，以及對創新產品和服務進行長期投資**。

貝佐斯很值得讚揚的一點，就是他能無視批評，尤其是當一些同事和董事會成員對新創想法提出責難時，貝佐斯還是繼續投資 Kindle 和亞馬遜網路服務等創新產品。對於那些執著於顧客的人來說，他們關注的事情，不應該只局限於滿足顧客的即時需求。**回應需求和發明新事物，兩者都需要被重視和追求**。亞馬遜就是這樣的公司，既會傾聽顧客意見，又為顧客提供他們不知道自己需要的東西。

‧別讓指標超越現實

亞馬遜的許多決策，都是由它收集到的顧客資料所驅動，它或許是世界上在開發和使用指標管理公司方面，最自律的一間公司。貝佐斯喜歡實際的數字，這一點可以從他六年級時就設計一項調查來評估老師的表現中看出來。

而同時，貝佐斯也會不斷檢驗那些他很重視的東西。企業運作的流程，包括各種指標資料，若稍不注意，可能會本末倒置。即使在使用時帶著良好的意圖，指標也可能成為無法讓顧客滿意的原因，甚至是藉口。在一九九七年的股東信中，貝佐斯寫道：

擁有好的流程為你服務，你才能為顧客服務。但如果你一不注意，程序可能就反過來取代結果成為重點。這在大型組織中很容易發生，他們只確保決策是否依照正確的流程、規定執行，反而不再關注結果……到底是企業擁有流程，還是流程造就了企業？這個問題永遠都很值得思考。

避免落入這個陷阱的一個方法，是留意顧客說的內容。例如，亞馬遜曾經發生發生顧客說沒有收到包裹，但資料上顯示已經送到的事情。後來進一步詢問顧客的結果是，司機把包裹放在了側門，而顧客卻只在正門查看。

貝佐斯是一個資料驅動型和高度分析型的人，他認為，當陳述的事件與資料發生衝突時，前者往往是正確的。問題往往在於衡量標準有缺陷，不能真實反映顧客的體驗。亞馬遜做的很好的一點在於，它雖然很重視營運業務方面的指標，但並不完全只看數據，而是會從各個角度判斷問題。

・顧客大於同事

過於關注顧客如果發揮到極致，可能表示領導者只把同事視為達到目的之手段。那些以顧客為中心的公司，有時會對員工提出不合理和過分的要求。

此外，那些達不到公司高標準的人，也可能會受到主管的苛刻對待。亞馬遜和貝佐斯就曾因為他嚴厲的企業文化，而受到批評。最著名的事件發生在其中一個倉儲配送中心，員工在異常炎熱的天氣裡中暑。那個中心沒有空調，顯然是為了省錢，藉此來壓低成本。對此意外，亞馬遜最初的反應是在該中心的停車場配備救護車。但後來，亞馬遜還是在配送中心安裝了空調。

過於著迷，無論是在關注顧客或其他方面，總是會有不夠體貼和尊重同事的風險。

犯錯不可恥，著迷的力量更偉大

過去二十年裡，沒有幾個人的成就能與傑夫・貝佐斯相提並論。儘管如此，貝佐斯對自己的錯誤還是很坦誠的，其中最明顯的就是Fire Phone。而亞馬遜也有其他失敗的地方，包括在食品外送領域的Amazon Restaurants、在旅遊服務領域的Destinations，以及在尋找當地優惠方面的Amazon Local。

在二〇一八年致股東的信中，貝佐斯指出，鑑於創新帶來的風險，亞馬遜未來還可能會犯下數十億美元的錯誤。他認為，錯誤規模需要隨著業務的發展而擴大，於是預計隨著亞馬遜繼續發展，未來的失誤必然會更大，代價也會更高。只有如此，才能讓巨大的公司繼續生存下去。

亞馬遜也犯過政治上的錯誤，比如誤判了在紐約市設立總部的挑戰。部分民眾和政治人物對亞馬遜的抵制，導致亞馬遜撤掉了這個專案。

其他的疏失則是比較私人面的，像是貝佐斯發給婚外情對象的訊息被媒體曝光，這讓一些人質疑，身為世界上最先進的技術領袖之一，他的電子通訊內容居然也無法保持隱私。而貝佐斯對此情況非常坦白，在刊出他通訊內容的媒體公司威脅他，揚言也要公開其他很令人尷尬的照片時，貝佐斯還公開向該媒體提出挑戰。

在二〇一九年的失誤之後，貝佐斯與亞馬遜的同事們召開了一次內部大型會議。他請那些今年開春運氣比他好的聽眾舉手，幾乎所有人都舉手了，但貝佐斯注意到有些人沒舉手，於是，他便以一種自嘲的方式說：「我為你感到難過。」

貝佐斯希望亞馬遜成為社會上的一股善的力量，這個願望正日益受到來自媒體、政府，和大眾的挑戰。與過去相比，對亞馬遜影響力和權力的攻擊越來越多，導致要求監管甚至拆分該公司的呼聲四起。亞馬遜可能會因為商業模式和做法受到批評，而分散了它的注意力，就像一九九〇年代末期，微軟面臨反壟斷訴訟時發生的情況一樣。

貝佐斯可能會像幾十年前邦諾書店威脅亞馬遜的生存時那樣，告訴他的員工要繼續關注顧客，因為顧客永遠是亞馬遜非凡成長的關鍵。

著迷，甘願賭上所有

- 貝佐斯創建了一家以顧客為中心的公司，這家公司利用「成長飛輪策略」，帶來了爆炸性的發展。
- 亞馬遜成功的原因在於，它持續提供顧客想要的東西：更多的選擇、更低的價格，以及更快的送貨速度。
- 亞馬遜也在創新方面投入巨資，創造出顧客不知道自己需要，但很快就會覺得重視的產品和服務。
- 貝佐斯非常重視公司文化的建立，專注於維持「第一天」心態所帶來的益處。

第4章

令我著迷的，是改變人類的未來——伊隆 ・ 馬斯克

大眾經常被馬斯克的成就和他那叛逆個性所吸引，目前有超過四千萬人在推特上關注他。有多少人能做到連美國太空總署在政府的資助和幾十年的經驗下，也做不到的事情？與此同時，又有多少企業領導者會在接受採訪時，一邊喝威士忌、抽大麻？

在一個大多數人都努力避免爭議的世界裡，馬斯克卻追求爭議。但我們之所以關注馬斯克，是因為他將最創新、最有遠見的想法，變成了真實的產品。

就像偉大的發行家尼古拉・特斯拉一樣，馬斯克認為自己是未來趨勢的創造者，這些東西有用、實用，並將為人類帶來更美好的未來。

在馬斯克的職業生涯中，他打造出了價值數十億美元的公司，並能與那些地位穩健、擁有多年歷史、資源充足的公司抗衡：

- 特斯拉因其汽車的品質，贏得了無數汽車獎項。美國汽車雜誌《汽車趨勢》（*Motor Trend*）將特斯拉的 Model S 評為「二〇一三年度汽車」，稱它「證明了美國仍可以製造（偉大的）東西」。另一位評論者寫道，該車的新版本「在我們的測試中，表現得比以往任何一款車都好，打破了消費品測評類雜誌《消費者報告》評分系統的紀錄。」
- SpaceX 是第一家發射液體燃料火箭繞地球飛行的私營公司，也是第一家發射太空船與國際太空站對接的公司。還有另一個第一，是該公司發射了一枚可重複使用的火箭，成功返回地球，並降落在大西洋一艘無人駕駛著陸船（drone ship）上；此一創舉可提供更便宜的太空探索和商業活動。而 SpaceX 的長期目標是製造能夠前往火星的太空船。

- 太陽城（Solar City）是將太陽能用於民生使用的先驅。它在住宅和商業建築上安裝太陽能板，還在澳洲建造了大型太陽能站，在停電的情況下，能夠供應三萬戶家庭的電力。
- PayPal 是線上支付系統的先驅者，二〇〇二年，馬斯克和他的合作夥伴以十五億美元的價格，將 PayPal 賣給了 eBay。如今，PayPal 是第三方線上支付領域的龍頭，擁有近三億活躍用戶。
- Boring 是一家基礎建設的新創公司，目前正在開發「超高速地下運輸系統」（目前為每小時兩百八十八英里，但預計最高時速可達每小時七百六十英里），讓城市地區的人員和產品運輸更快捷。該公司目前正在洛杉磯和拉斯維加斯測試原型機（按：依照特斯拉的計畫，預計二〇二一年時，拉斯維加斯的地下隧道每小時可以運送四千四百名乘客）。

在馬斯克職業生涯的早期，對他來說最重要的就是創造革命性的產品，這一點在他領導的兩家企業中就可以看出。回首過去，馬斯克說：「我們真的非常專注於盡己所能製造出最好的產品。Zip2（美國軟體公司）和 PayPal 都是非常注重產品和服務的公司。我們非常執著於發想出一些能夠達到最佳顧客體驗的東西。這才是最有效的銷售工具，比擁有龐大的行銷團隊，或想著銷售噱頭等其他任何東西更有用。」

馬斯克認為，製造劣質產品的公司將不易生存，並很可能會失敗，他舉了美國汽車製造商為例。相反的，他把自己的汽車設計得很創新、令人興奮，這在美國是一項重大成就，因為美國汽車公司在面對外國競爭時，總是很難保有競爭力。一位經常投資在科技公司的創業投資家（venture capital），他的觀念與馬斯克相似，他認為商業成功的關鍵，在於全心全意的關注產品：

我投資過一些很棒的公司，它們都有一個共同的特點——創始人（執行長）都非常執著於產品。不是有興趣，不是知道，不是熟悉，而是近乎狂熱的著迷。

無論什麼討論，最後都會回到產品上。所有關於顧客的話題，實際上都是關於顧客如何使用產品，以及產品給顧客帶來的價值。大多數剛起步的團隊，都是完全關注產品，連非工程人員也一樣。產品、產品、產品。

而與此形成對比的，是許多公司在成長過程中都會發生的情況。賈伯斯也指出，成功的公司通常會逐漸產生一層又一層的中階管理者，使得高階管理者與那些負責產品開發、工程，和製造等細節工作的人隔離開來。

賈伯斯說道：「他們對產品會不再有發自內心的感覺或熱情。富有創造力的人，也就是那些真心在意產品的人，現在必須說服五層管理人員，才能做他們認為正確的事情。這家公司或許可以依靠過去的成就再生存一段時間，但最後的結果就是，他們已經缺乏開發下一代理想產品所需的專注力和動力。」

賈伯斯認為利潤會自動跟隨偉大產品而來，且它本身從來都不是目標。他告訴他的傳記作者：「我的熱情一直是建立一家經久不衰的公司，激勵人們創造偉大的產品……動機永遠是產品，而不是利潤。」

馬斯克曾說，他有八〇%的時間都花在設計和工程挑戰上。他同時也是一個精明的行銷人員，知道如何讓人注意到他的產品，以產生客戶的需求。一個有趣的例子是，當時為了讓人支持他開發能夠前往火星的火箭，馬斯克把特斯拉放到 SpaceX 的獵鷹火箭上。他讓一個人體模型坐在汽車的駕駛座上，發射升空之後，馬斯克就公開了一張「太空人」坐在火箭裡的特斯拉中的照片，讓人們看到它在地球外圍奔馳的樣子，汽車的儀錶板上寫著「別驚慌」。而這個火箭最終可能會在軌道上繞行數億年之久。

馬斯克另一個有意思的行銷，是關於產品的設計。特斯拉 Model S 最強大的版本，可以在二・二七秒內，從零加速到每小時六十英里，這對於任何汽車來說都非常快，更別說是電動車。然而想要達到這種加速度的話，駕駛人只需要按下控制螢幕上「瘋狂加速」

（Ludicrous Mode）的選項。

雖然特斯拉推出了創新汽車，但它的未來命運仍不明朗。直到最近，馬斯克也未能達到特斯拉當初的生產和營利承諾，這削弱了人們對他本人、公司，以及股價的支持。

《華爾街日報》（*Wall Street Journal*）指出，在過去的五年裡，馬斯克平均每年都有十個公開宣傳的目標無法兌現。他這種過度承諾的模式，再加上其他因素，包括來自福斯汽車（Volkswagen）等公司的競爭越來越激烈，使特斯拉成為美國證交所做空最多的股票之一，意思就是許多聰明的人都在賭他的公司會失敗。甚至馬斯克自己也表示，特斯拉成為一家主流汽車公司的可能性只有一〇％。

二〇一九年，特斯拉突飛猛進的實現了生產目標，並於極短的時間內在中國開了一家新工廠，它成為了美國歷史上最有價值的汽車公司。然而，人們對於特斯拉的未來，抱持著相當不同的看法。但即便是他的批評者也必須承認，馬斯克永遠不會迴避大膽的挑戰，以及背後的風險。

當賣掉PayPal時，馬斯克說他會將所得的利潤，投入到三個新項目中：一億美元在SpaceX，七千萬美元在特斯拉，還有一千萬美元投資於太陽城。馬斯克認為，如果自己不願意用自己的錢進行投資，而想著拿別人的錢迴避風險，是錯誤的行為。

回首當初的決定，他指出：「大多數人在賺了很多錢後，都會變得不想冒險。但對我來說，這從來不是錢的問題，而是人類的未來還有一些問題必須解決。」

著迷於解決問題，才能創造偉大的產品

馬斯克對產品的執著，始於創造有益於社會的東西：「我感興趣的是那些能改變世界、影響未來，或是讓你看到會覺得很奇妙的新技術，你會想：『哇，怎麼可能做到這種事？這怎麼可能？』」

如果電動車因為特斯拉的影響而廣泛使用，將會減少內燃機對環境的破壞。太陽能板則能減少傳統發電廠的有害影響，特別是那些燃煤發電廠。馬斯克也表示，SpaceX 將提供方法，讓人類成為能探索多種行星的物種。

然而，重要的產品，並不總是像前往外太空的火箭般具有革命性，例如 PayPal 在促進網路購物方面就很有用，使人們能活得更加便利，雖然相對於為了讓人們移民火星而製造火箭來說，它的貢獻確實顯得微小。而為了鼓勵其他企業家，馬斯克也說：「一個以產品為中心的公司，第一個目標必須是建立一些對他人福祉有貢獻的東西，無論多大或多小。」

許多公司，尤其是科技業，都會聲稱他們的目標是讓世界變得更美好。像是臉書的使

命就是「給人們分享的力量，讓世界更加開放和連結」。然而，有一些人認為，比起保護個人隱私資料，臉書其實比較在意如何讓更多人使用和停留在其網站上，並且利用這些資訊來產生廣告收入。

使用者資訊是臉書最有價值的資產，讓它能夠向那些願意為特定客戶群付出高價的人（廠商），提供更精準、具有針對性的廣告。雖然做好事和賺錢並不相互違背，但臉書的行動表明了，成長和利潤是其運作方式的核心。

另一方面，我們就很難對特斯拉或 SpaceX 提出同樣的批評。馬斯克的公司是真正的使命驅動型企業，有著遠大的夢想，而且如果成功，可能會帶來非常宏偉的成果。

例如，在馬斯克之前，電動車已經在市場上銷售多年，但是很少人想擁有一輛，因為它的行駛里程有限，駕駛體驗差，設計也不吸引人。如果你在特斯拉出現之前，就已經在開電動車，那你一定是一個堅定的環保主義者（所以你才願意開一輛品質很差的車）。

但是特斯拉改變了一切，它推出了一款快速又有吸引力的電動車，且成為了一種超越普通車的身分象徵，重振了汽車產業的電動車領域。馬斯克表示，他希望其他製造商能跟隨他的腳步，一起生產電動車，因為「地球正在進行歷史上最危險的實驗，看看大氣中有多少二氧化碳……我們可以在環境大災難發生之前處理這個問題」。

其他汽車製造商，如福斯、賓士（Mercedes-Benz），和福特（Ford），在忽視電動車多年之後，現在都在大力投入生產和銷售電動車。通用汽車（General Motors）也將在未來陸續推出電動車。馬斯克顛覆了汽車產業，然而隨著更強的競爭對手逐漸侵蝕他的先驅優勢，他也可能會因為自己的成功而受害。

錢要花在使產品更好的地方

馬斯克是 SpaceX 和特斯拉的執行長和首席設計師兼產品架構師。他認為，擁有工程和設計專業知識的人，才應該成為公司的領導者，而不是其他執行長界中最常見，像是財務、行銷，或銷售領域的人。

馬斯克認為，執行長們應該主要致力於解決設計和工程方面的挑戰，至少在專注於產品的公司必須如此。他指出，新創公司在最理想的情況下，就是製造出一個明顯優於市場上現有產品的東西：

如果你要進入任何一個現有的市場，與大型、根基穩固的對手競爭，那麼你的產品或服務必須比他們的好得多……因為一般人總是會買值得信賴的品牌，除非有很大的區別……不能只是稍微好一點，必須好非常多。

馬斯克和賈伯斯一樣，把產品放在第一位。因此，他把行銷等其他領域的資金，重新投向產品設計和製造等關鍵領域。他描述了其他領導者和公司犯的常見錯誤，就是關注雜音而忽視了重要訊號，這會導致你浪費精力，而且無法專注於真正關鍵的事情：

> 許多公司都搞混了，他們把錢花在那些並不能使產品變更好的地方。例如，在特斯拉，我們從未花一分錢在廣告上。我們把所有的錢都投入到研發、製造和設計上，盡可能把車子做到最好。我認為這才是正確的做法。對於任何一家公司來說，只要不斷思考：「我們的這些努力能否帶來更好的產品或服務？」如果不能，就馬上停止這些努力。

製造一款更好的產品包括三個目標：一是提供比現有產品更好的東西，吸引人注意；二是可靠的功能；三是美觀（馬斯克有時稱之為「性感」）。而在這方面，設計不僅是東西的外觀，而是它整體運作起來的感覺。

馬斯克創造的汽車努力將這三個目標做到最大化，因此他們的客戶滿意度評比相當高。他寫道：「我們在追求柏拉圖式的理想，要打造出完美的車子。雖然我們也不知道那到底是什麼樣子，但是就是想讓車子的每一個元素都盡可能完美。當然，總會有某種程度的小缺點，但我們會努力將其最小化，打造出一款在各方面都令人賞心悅目的車。」

例如，特斯拉汽車是靠電池供電的，推出的時候，它比當時市場上的任何汽車都優越得多。它用的是手機和電腦等小型電子設備所採用的鋰離子技術，這些電池較輕、較強大，而且製造技術的進步，也使它們的價格繼續降低。

在正常情況下，只要充一次電就能使初代的 Model S 行駛兩百六十五英里，是當時其他電動車的兩倍多，也更接近許多汽油車每箱汽油的可行駛距離。這降低了限制電動車普及的「里程焦慮」。而同樣重要的是，這項技術也帶來了一輛速度令人驚豔的電動車。

美學對馬斯克來說，也是產品設計的重點之一，他告訴員工：「如果你要做某種產品，就要把它做得漂亮。即使它對銷售沒有影響，我也希望它漂亮。」他對美學的關注，體現在了特斯拉的門把上，馬斯克想要一個與眾不同的把手，當司機接近車輛時，它就會伸出來，開車的時候又會縮回門板裡。

這種門把的設計和製造非常複雜，而且它運作起來必須非常可靠，否則車主就無法進到車子裡。因此它得在各種條件下（冷、熱、冰、雨）使用數千次，都始終如一的發揮作用。門把也需要加強安全性，如果乘客的手指在門把收合時意外夾到，它必須馬上停止。儘管當初遭到了大部分工程師的反對，但馬斯克還是實現了他想要的門把，現在也已經成為了特斯拉的標誌性特徵。

在執著於產品的方面，馬斯克與賈伯斯很像，他們都強調產品設計對於公司是否成功，起到了關鍵作用。兩人也都認同，偉大的公司是偉大產品的結果。

在某次評論中，賈伯斯解釋他對微軟的成功並沒有異議。他只是認為，微軟生產的產品看起來是三流的東西，既缺乏原創性，又缺乏美觀。賈伯斯指出，在比爾•蓋茲和巴爾默的領導下，微軟最大的問題在於，員工並沒有真心愛著他們創造的東西。

「奈米經理人」——領導者必須深入細節

馬斯克執著於突破性的技術創意，他說自己的頭腦裡「想法會持續不斷的爆出來」，他沒辦法關掉。「有的時候，甚至是深夜，當我正試著解決某個問題，而我認為我已經有了一些想法，感覺有點接近解決方案時，我就會花數小時來回踱步，試著把它想通。」

如前所述，特斯拉的幾位創始人和馬斯克發現到，用鋰製造的電池，即特斯拉所謂的「鋰離子能源系統」，將遠遠優於當時市場上的任何產品。這種電池比起傳統的鎳或鉛蓄電池，加速更快，使用壽命更長。但是它的價格昂貴，只能藉由設計和製造過程的創新來試圖降低成本，才有辦法在汽車中使用。馬斯克在確定鋰離子電池的好處之後，他就將工作重心專注於降低成本、大規模生產上。

這種突破性思維模式在 SpaceX 也很常見。馬斯克認為，若打造出可重複使用的火箭，就能降低太空旅行和運輸的成本（使火星旅行等夢想在經濟方面變得可行）。

而航太產業中的許多人認為，設計這樣的火箭是不可能的，即使是擁有幾十年經驗和政府大力支持的太空總署，也未曾製造出可重複使用的火箭，但這並沒有阻止馬斯克。

SpaceX 的一位同事說，馬斯克之前沒有設計或製造火箭的經驗，所以他自己研讀這個主題的教科書和技術手冊，並找了業界的傑出人物來指導他，還僱用航太產業最優秀的一群人，提取他們所擁有的知識。

另一名員工說：「一開始我還以為他只是在挑戰我，看我是否了解自己的業務。後來我才意識到，他其實是在努力學習。馬斯克會向你提出問題，直到他掌握了想了解的知識為止。」

與貝佐斯和賈伯斯一樣，馬斯克相信，發展突破性的想法，只是創造革命性事物的開始，它還需要領導者深入設計和製造過程，因為偉大的產品，必須建立在成千上萬個細節之上。

大部分管理專家們都不會認同馬斯克的做法，他們普遍認為，高層領導人應該避免介入執行的細節，因為這會占據只有他們才能做的戰略性工作的時間。而高階主管們過度涉入細節，也可能會造成工作人員士氣低落，因為他們能夠管理分配的領域，被更高階的主管剝奪了。

但馬斯克的想法正好相反，他認為不深度參與其中的領導者，就是疏於職守，他們的產品也會因此受損。他自豪的將自己形容為一個「奈米經理人」，一個知道細節至關重要的人。馬斯克深厚的產品知識，不僅影響了他的設計決策，也影響了願景的執行，包括製造、物流，和行銷部分。

馬斯克認為，做生意就像打仗，領導者必須帶著自己的軍隊站在前線，而不是只坐在辦公室裡，並對自己公司正在生產和銷售的產品一無所知。

尋求意見，尤其是負面回饋

馬斯克認為，如果企業認為自己的產品夠好，已經能夠維持或增加市場占有率，那麼它們就會停滯不前。相反的，公司必須不斷改進他們的產品，否則其他公司就會推出更好的東西，並搶走他們的客戶。

在最初特斯拉的生產開始運行時，馬斯克會檢查從裝配線上下來的車輛，看是否有任何一絲細節，沒有達成他想要的模樣。

他注意到了大多數執行長會忽略，或者通常是委託他人處理的細節，例如兩邊尾燈的極細微偏差，車身面板從上到下的烤漆有些微不一致。馬斯克告訴一位採訪者，當他發現這些特斯拉的缺陷時，就像有人把匕首刺進他的眼睛。

馬斯克改進產品的方法之一，是徵求使用者的負面回饋。他說：「向使用者尋求任何細微的負面回饋，對於把產品盡可能做到最好，是非常重要的，正如電影《疤面煞星》（*Scarface*）所說：『人很容易因自己創造的東西而過度興奮。』你得不害怕創新，但當某樣東西行不通時，也不要一直欺騙自己認為它是可行的，否則你就會卡在一個糟糕的處境中，無法掙脫。」

他認為最好的回饋通常來自朋友，因為他們在乎他。雖然有時他們會因為不想冒犯他而不說實話，但馬斯克還是不厭其煩的尋求他們的意見。他表示，即使其他人不願提供，精明的領導者也會不斷尋求負面回饋。

馬斯克最感興趣的，是與客戶討論他的特斯拉缺少了什麼或出了什麼問題。只聽客戶和朋友陳述他們喜歡什麼，並不能幫助車子變得更好。一輛車的**長處通常淺而易見，但弱點都藏在細節裡**。

你必須努力工作，一週七天、沒有假期

馬斯克認為，若想成功創造出革命性的產品，需要一種不屈不撓的職業精神。他告訴那些想要仿效他的成功的人，他們應該工作到深夜，然後在睡覺的時候繼續夢到自己的產品。一週七天，沒有假期，沒有休息。他在南加州大學畢業典禮上的演講中，給出了以下關於創建成功公司的建議：

我認為第一點是，你必須超級努力的工作。超級努力是什麼意思？當我和我弟開第一家公司的時候，我們連住的地方都沒有，只租了一間小辦公室，我們睡在沙發上，要洗澡就去YMCA（基督教青年會）。我們窮到只有一臺電腦。網站白天上線，晚上我就繼續寫程式。一週七天，一直如此……所以，努力工作吧，醒著的每小時都要非常努力。

馬斯克與眾不同的狂熱工作態度，在他的每一家公司裡都根深柢固。在評論特斯拉和SpaceX的成就時，他指出：「每週只工作四十個小時，不可能製造出革命性的汽車或火箭。就是做不到，移民火星不可能只靠一週工作四十個小時就完成。」

對他來說，典型的一週行程，是從洛杉磯的 SpaceX 開始，然後到加州北部的特斯拉待上幾天，星期五再回到 SpaceX。有時候還會去內華達州的太陽城。

在某次採訪中，他說自己曾連續三到四天待在特斯拉，完全沒有離開過工廠，因為他要和團隊一起解決 Model 3 的製造問題。

就連不在辦公室或工廠的時候，馬斯克的員工也總是能聯絡到他。他告訴員工，在必要的時候應該毫不猶豫的聯繫他：「我一天二十四小時、每週七天隨時待命，幫忙解決問題。就算星期日凌晨三點打電話給我，我也沒關係。」

馬斯克對工作的執著，可以從他還在上大學時和一位朋友的談話中看出：「如果有什麼辦法可以讓我不吃東西，藉此騰出更多時間工作的話，我就不吃東西了。我真希望能有一種不用坐下來吃飯，就能獲得營養的方法。」他的朋友記得自己當時被這句話嚇了一跳。

其他與馬斯克共事過的人，也有類似的觀察結果，說他最顯著的特色，就是對工作的狂熱投入。作家蒂莫西・李（Timothy Lee）寫道：「世上有很多的執行長，而他們和馬斯克的最不同之處，就在於工作上的決心和投入程度。我在矽谷採訪過很多很多企業家，真的從沒見過像他這樣的人。對大多數人來說，即使他們已經算是對公司很有熱情的執行長，這仍舊只是一份工作。但在馬斯克眼裡，這已經接近戰爭和生死搏鬥的程度了。」

而在投入工作的程度上，馬斯克並不孤單。賈伯斯的蘋果 Mac 團隊每週工作七天，每天工作十四到十八個小時，持續了兩年以上。他說，團隊成員都很年輕，也熱愛他們的工作，所以願意投入必要的時間，來創造革命性的產品。比爾・蓋茲在他二十幾歲的時候也是如此，當時他正和保羅・艾倫一起創建微軟；優步的卡蘭尼克和阿里巴巴的馬雲也一樣。在過去幾十年的許多偉大成功故事中，根本看不見工作與生活的平衡。

建立公司的「特種部隊」

馬斯克曾說特斯拉和他的其他公司，在產品工程和製造等關鍵領域方面，都會將重點擺在聘用優秀人才。他說有些公司之所以失敗，尤其是那些技術密集型領域的公司，就是因為他們沒有夠多的人才：

吸引和激勵優秀人才的能力，對一間公司的成功極為重要，因為創建公司的目的，就是將一群人聚集在一起，共同創造一種產品或服務，而人們有時會忘記這個基本的真理。如果你能讓優秀的員工加入公司，一起為共同的目標而努力，並且對這個目標有著不懈的追求，那麼你就會擁有一個偉大的產品。

而馬斯克認為，大多數大公司都在發展官僚程序，搞到最後反而變得不重視引進聰明且具有創造力的員工。馬斯克想要一群有天賦的同事，並且要堅定的致力於實現共同的目標。和貝佐斯一樣，他也相當重視成功的公司創業之初的心態：

我想強調一下我對公司在剛起步階段的理念，這是一種類似特種部隊的概念，必須達到卓越，才能勉強及格。我認為，如果初創公司最終想要成為大規模且成功的公司，就必須這麼做。

我的公司在某種程度上堅持著這一點，不過這並不表示我們因此而解僱的人，就是不好的員工，這只是特種部隊和一般正規軍的區別。但如果你想要撐過某個非常艱難的時期或環境，並最終發展成一個偉大企業的話，那麼整個組織都必須維持非常高水準的才能和投入程度。

馬斯克會親自面試技術職位的員工，包括那些在公司擔任較低職位的人員。據報導，他親自面試了 SpaceX 公司招募的前兩百名工程師。在面試中，他想知道面試者是如何解決他們曾面臨的技術性問題，但他並不只想聽到結果，他想要聽到執行過程中的豐富細節，因為那些真正努力解決了問題的人，永遠不會忘記過程中所涉及的一切。

另一個評估的重點，則是面試者是否願意付出努力，因為馬斯克認為努力是實現卓越成就的必要條件。特斯拉的一個常見面試題目是：「我們在特斯拉的工作時間很長，週末也要工作。你可能已經習慣了朝九晚五的工作，那麼你對公司的長時間工作有什麼看法？」

馬斯克說：「如果你在特斯拉工作，就像是你選擇了難度較高的遊戲。這有好處也有壞處，成為特種部隊很酷，但也表示你要拚了命工作，所以這並不是每個人都適合。」

以產品為中心的缺點

馬斯克對於創造令人讚嘆產品的執著，其實是有顯著缺點的，其中的一些風險，也可能會破壞他建立的卓越成就。

・工作大於生活

馬斯克的一位同事將他描述為一臺晝夜不停工作的機器，多年來從不休假，所有時間都花在他所領導的三家公司上。

對於那些建議他休息減壓的人，他則回應：「花大把時間躺在沙發上，聽起來是最糟糕的事了。這對我來說很可怕，我一定會瘋掉，我可能會無聊到死。我就是喜歡高強度的生活。」

馬斯克也承認，他已經把自己逼到身體和心理都接近崩潰的地步。在特斯拉和 SpaceX 的歷史上，都曾有過多次面臨倒閉的時期。二〇一八年接受《紐約時報》採訪時，馬斯克說自己為了讓特斯拉成功所承受的壓力，讓他變得很情緒化，他也經歷了職業生涯中最糟糕的一年。當努力讓特斯拉實現 Model 3 瘋狂的生產目標時，他真的非常痛苦。那時公司必須生產與銷售夠多的車子，才能滿足營運需要的資金，與此同時，他還得償還巨額的債務。馬斯克指出：

很多時候，人們認為創建公司會很有趣。我會說他們錯了，真的沒那麼好玩。雖然會有一些好玩的時候，但讓你感到恐怖的時期更是少不了。尤其如果你是公司的執行長，公司裡所有糟糕的問題，常常會同時來敲你的門。

把時間花在很順利的事情上是沒有意義的，所以你要把時間投注在會出錯的事情上……你必須逼自己這麼做，並且對痛苦的忍受度要很高。

馬斯克承認，這種極端的工作量，是他做出不明智言論的原因之一，這些言論也傷害了他和他的公司。這些爭議行為讓一些人認為，馬斯克已經成為公司的汙點，且他並不具備領導者的氣度。

先前支持過馬斯克的一家投資公司表示，由於馬斯克的魯莽行為，他們不會繼續投資特斯拉，至少近期內不考慮。美國分析師托馬斯・巴拉比（Thomas Barrabi）下調了特斯拉的股票評分，並寫道：「問題在於執行長伊隆・馬斯克的古怪行為……我們擔心他的行為會損害特斯拉這個品牌。」另一位華爾街權威人士在一次採訪中，評論了馬斯克在受訪時抽大麻的報導，並表示：「有這種行為的人，不應該經營一間上市公司。」

・創意大於程序

以產品為中心的領導者會反對無聊的程序，他們比較喜歡有創意的人，能設計出創新的產品、解決困難的挑戰。馬斯克表示，他不信任程序，他認為程序只是對複雜問題的官僚回應：

我不相信程序。事實上，我在面試應徵者時，如果對方說：「這一切都取決於程序」，我會認為這是個不好的信號。問題是，在很多大公司裡，程序完全取代了思考，它們鼓勵你表現得像複雜機器裡的一個小齒輪。坦白說，那只能讓你留住那些沒那麼聰明、沒那麼有創造力的人。

馬斯克擁有物理學學位，並且視自己為一個工程師。但問題在於，他的才能除了應用在產品設計外，是否也能在製造面發揮作用？他已經證明了自己能夠設計出非凡的東西，但仍然有些人懷疑這些產品量產的可能性。雖然特斯拉在生產目標方面，已經有了重大進展，但目前仍須證明它能夠長期持續下去。

相比之下，馬斯克的模式與賈伯斯在蘋果的做法形成了鮮明對比。賈伯斯把蘋果公司的生產工作交給提姆・庫克（Tim Cook），在賈伯斯持續專注於設計和行銷時，庫克則有效的管理著公司的營運，包括與有能力滿足蘋果高標準的供應商簽訂合約。

而到目前為止，特斯拉還沒有人能像庫克那樣為賈伯斯效力。

但是馬斯克似乎已經扭轉了許多限制 Model 3 產量的製造問題。事實證明，過去那些低估馬斯克的人錯了。

然而，隨著公司的規模越來越大，面臨新的競爭者，挑戰將會持續增加，製造業專家也一致認為，想達成卓越的表現，需要穩健的組織流程，以及經驗豐富、紀律嚴明的流程領導者。

・產品大於同事

成功的企業家，會建立有能力實現他們想法的團隊和組織。但是對於那些執著的領導者來說，尤其是那些以產品為中心的人，他們可能只會關心自己的產品，並認為其他事都沒那麼重要（包括他們身邊的同事）。

這些對目標異常執著的人，通常都對自己的同事很苛刻。他們會設下大膽的目標，一旦事情沒有按計畫進行時，他們就會嚴厲的對待一起共事的人。與賈伯斯、貝佐斯等其他知名企業家一樣，馬斯克也對那些缺乏才能，或缺乏奉獻精神的人很沒有耐心。

根據馬斯克的說法，公司存在的唯一目的，就是創造出偉大的產品。這可能會激勵那些和他有同樣熱情的人，但他的全心投入也會產生一種壓力極大的工作環境。

制定和執行高標準（甚至是其他人認為不現實的標準），雖然能得到明顯的好處，但馬斯克這種管理哲學的缺點是，職場環境會持續處於壓力之下，而為了達成野心勃勃的目標，員工們也必須長時間在如此高壓的情況下工作。

例如，特斯拉設定了十八個月的目標，每年要生產五十萬輛 Model 3，這是之前產量的十倍。結果造就了一段被馬斯克稱為「生產地獄」的時期。

一位同事簡述馬斯克在實現目標時的無情驅動力提到：「伊隆不了解你，他也沒時間想清楚這件事是否會傷害到你的感情。他就只知道自己想完成什麼。那些沒辦法接受他嚴厲溝通方式的人，在這裡會過得很不舒服。」

馬斯克自己也回顧了一段在軟體公司 Zip2 的經歷，顯現出他是如何對待在公司中達不到標準的員工：

是的，我們公司裡有一些非常優秀的軟體工程師，但是我的意思是，我的程式可以寫得比他們好更多。所以我常常直接進去修改他們那該死的程式碼……「等待你們的東西會讓我很受挫，所以我不如自己寫程式碼，現在它運行速度快了五倍，你這白痴。」我曾對他們這麼說。

還有一個人寫了量子力學方程式，在黑板上寫了量子機率，但他寫錯了。我就說：「你怎麼會寫成這樣？」然後我糾正了他的錯誤，但從那以後他就開始討厭我了。最後，我意識到，好吧，我可能解決了那個問題沒錯，但現在我也讓那個人變得沒有產能了。這可不是個做事的好辦法。

眾所周知，當同事沒有達到他的期望時，馬斯克會嚴厲的批評他們。在他職業生涯的前幾個案子中，一位曾與他共事的員工觀察到：「你常常會看到人們帶著非常糟的表情走出會議室。但如果伊隆一直扮演好好先生，就絕不可能達到他現在的成就，他就是那麼自信和有動力。」

而另一位前同事則指出，儘管在特斯拉工作的經歷令人大開眼界，但因為馬斯克對自己和同事的要求都很苛刻，所以他絕不會繼續在那裡工作。

美國商業作家艾胥黎・范思（Ashlee Vance）曾寫過一本詳細的馬斯克傳記《鋼鐵人馬斯克》（*Elon Musk: Tesla, SpaceX, and the Quest for a Fantastic Future*），其中大部分是對他的讚美，艾胥黎總結道：「馬斯克的同理心是獨一無二的。他似乎總是思考著整體人類的未來，而不會只考慮個人的願望和需求。」

有一個跡象表明，馬斯克的努力，或說過於努力，是特斯拉重要高階主管職位替換率高的主因。據報導，從二〇一八年一月開始的一年時間裡，有八十八名高階主管離開了特斯拉，其中一些是自願離開，另一些則是被馬斯克開除的。

離職的人員包括公司的財務長、工程主管、會計長、工程總監、全球服務副總裁、自動駕駛副總裁、績效工程總監，和首席人力總監。

這樣的人事變動引起一些投資者的警覺，他們認為馬斯克的管理風格沒有辦法為人接受，那種緊繃和習慣插手的工作方式，導致人才紛紛離開公司。

過度著迷的負面影響，是馬斯克的最大課題

當執著與創造的天分結合在一起時，它就具有了將領導者和他的組織帶到驚人高度的潛力。特斯拉目前正從一段動盪時期中走出來，馬斯克也已經逐漸讓一些最尖銳的批評者噤聲。我們不確定往後的歷史會將馬斯克視為新一代的愛迪生還是特斯拉，而當被問及對這兩人成就的看法時，馬斯克說他兩個都很欣賞，但更推崇愛迪生：

> 這家汽車公司名為特斯拉……因為我們使用的是交流電感應電動機，而這是特斯拉開發的結構。這傢伙應該值得更多機會，可惜當時並非如此。但平心而論，我比較喜歡愛迪生而不是特斯拉，因為愛迪生把他的東西推向市場，讓全世界都能接觸到他的發明，而特斯拉並沒有真正做到這一點。

二〇一九年，特斯拉的表現非常傑出，現在的價值超過了通用汽車和福特汽車的總和。問題是，他的狂熱執著引領他和他的公司走到今天，但馬斯克和他身邊的團隊，能不能管理好這種執著可能帶來的負面影響？

著迷，甘願賭上所有

- 偉大的公司建立在偉大的產品之上。偉大公司的目標都應該專注於生產令人愉快的產品，並對社會產生影響。
- 馬斯克是一位技術型遠見卓識者，並且相信領導者應該「站在前線」，他密切參與公司的設計和操作細節，以及他們正在創造的產品。
- 馬斯克的目標是，公司的各階層都必須由有能力又積極的人組成，特別是在設計和工程方面。
- 馬斯克把自己和他的團隊推向了絕對極限，不過這麼做也可能破壞那些已經取得的成就。

第5章

沉迷在打敗對手，會毀了自己——崔維斯 · 卡蘭尼克

崔維斯・卡蘭尼克的童年，是在洛杉磯一個不起眼的郊區裡長大。他的爸爸是一名土木工程師，因為發現到了資訊技術日益增長的重要性，於是買了最好的電腦給他的孩子們。媽媽是一位廣告銷售主管，經常鼓勵卡蘭尼克參與各種創業活動。

十歲開始，卡蘭尼克就挨家挨戶兜售牛排刀；十幾歲時，他為慈善活動賣票；十八歲那年，他創辦了為學生輔導入學考試的生意。卡蘭尼克是一個數學天才，且在很年輕時就顯現出，未來的他將成為一個連續創業的科技企業家。

卡蘭尼克進入加州大學洛杉磯分校（UCLA）學習電腦工程，但比起完成學業，他更感興趣的是創辦公司。他在大四時休學，加入了一間由幾個同學創辦的小公司。

Scour 是一家早期的點對點（P2P）檔案共用服務公司，與臭名昭著的線上音樂軟體 Napster 類似，它允許人們透過網路交換流行媒體。當時 Scour 就是典型的，由一群聰明、野心勃勃、缺乏經驗的創業者，所經營的混亂小型初創公司。

該公司的一名員工說：「它真的非常、非常混亂，我們沒有人知道自己在做什麼。」但是免費提供流行電影和音樂的確是很吸引人的賣點，而卡蘭尼克又是個出色的推銷員，所以這家公司很快就擁有了大量用戶。

不過問題很快就出現了，這些製作電影和音樂的媒體公司認為，從 Scour 下載這些內容，已經侵犯了他們的智慧財產權。他們向法院提起訴訟，要求關閉 Scour，並索取兩千五百億美元的賠償。而面對巨額罰款，Scour 果斷的聲請了破產。

不久之後，卡蘭尼克又開了另一家販售企業軟體的公司 Red Swoosh，利用電腦中未使用的計算能力來傳輸檔案。當時卡蘭尼克的目標客戶，正是那些迫使 Scour 關閉的媒體公司，這些媒體公司希望透過網路，更快、更便宜的發送電影等大型檔案。

卡蘭尼克非常樂意做那些殺掉他公司者的生意，他說：「我的想法是，把那三十三個起訴我的當事人變成我的客戶。所以，現在那些起訴我的人要付錢給我了。」

在接下來的七年裡，卡蘭尼克處理了大量的技術、管理和財務方面的挑戰。後來 Red Swoosh 被指控欠了美國國稅局十一萬美元的所得稅，這些所得稅也沒有從員工的薪水中扣除。卡蘭尼克指責他的合夥人沒有繳納稅款，而他的合夥人則聲稱，卡蘭尼克也贊成不繳稅（然後將這筆錢用來經營公司）。

之後卡蘭尼克找到新的投資者，支付了欠國稅局的費用，避掉了可能的牢獄之災。Red Swoosh 之所以能存活，完全是因為卡蘭尼克在一次又一次挫折中，頑強的堅持了下來。

卡蘭尼克經歷了創辦人辭職、出售公司的交易失敗等困難，當別人問他為什麼要死撐著、為什麼要因為這間公司而搬回父母家，工作三年沒有薪水時，卡蘭尼克則說，當人們墜入愛河的時候，就會無法控制自己，即使他愛上的是一個會虐待他的伴侶。

最後，Red Swoosh 以一千九百萬美元的價格賣給阿卡邁科技公司（Akamai），卡蘭尼克的堅韌終於得到了回報，他從這筆交易中獲得了約三百萬美元的收入。

接下來的一年，卡蘭尼克在世界各地旅行，享受著得來不易的假期，並思考自己的下一步行動。他在舊金山定居，投資了幾家新創公司，尋找符合他認為「了不起」的創意（跟別人談起時，會讓他非常興奮的商業計畫）。

其中一個有趣的構想，來自加拿大的創業家格瑞特・坎普，他不久前才將自己的網站StumbleUpon賣給了eBay。坎普的創業點子，來自於舊金山的生活經驗。

雖然坎普有自己的汽車，但他並不喜歡在擁擠的城市裡駕駛，於是他經常搭計程車，但舊金山的計程車服務並不可靠，因為計程車的數量遠遠低於需求。坎普因為招不到計程車而感到無奈，於是他開始打電話給計程車公司叫車，但每每車子都無法準時抵達，這讓他很不耐煩。而他的解決辦法是，同時打電話給好幾個公司，然後坐第一輛抵達的車。最終，計程車公司對坎普叫了車又不出現感到厭倦，開始拒絕為他提供服務。

坎普認為，一定有更好的方式可以配對乘客和車子，並減少等待的時間。新推出的iPhone搭載了運動感測器，當與手機的GPS一起使用時，可以追蹤司機在城市中的位置。坎普在這之中看到了商業潛力，並設計了一個應用程式來協調司機和乘客，縮短了接送的時間。

這款應用程式還能在出發前，就準確估算出車資總額。他將他的新公司命名為「Uber

Cab」，有信心提供比任何競爭對手的服務，都還要優越的功能。

坎普相信卡蘭尼克能夠帶領這個新創的公司，並完整發揮它的潛力。他講述了他們在巴黎開會時，決定登上艾菲爾鐵塔的故事。而令坎普感到吃驚的，是卡蘭尼克那無論如何都要跨過障礙物，以便欣賞到巴黎最佳美景的態度。

坎普回憶道：「我喜歡那種勇往直前的感覺。我知道實現宏大的想法需要很大的勇氣，而他讓我留下了深刻的印象，他就是一個有勇氣的人。」一名記者在評論卡蘭尼克的個性和他公司的好鬥本性時也指出：「優步真的生來就是一隻邪惡的比特犬，並相信自己會在拳擊臺上度過一生。」

對於 UberCab 應該發展成什麼樣子，坎普和卡蘭尼克有不同的想法。他們都很清楚坎普的軟體非常具有開創性，不過坎普的想法是打造一支豪華轎車車隊，提供精緻的服務，給那些想要搭乘比傳統黃色計程車更高級車輛的人。公司收費也會比一般計程車高，但提供了更快、更可靠的服務。

卡蘭尼克則認為，提供低成本、但相對高品質的服務會比較好，因為這樣才能成長為一家大公司。這項服務的口號將是「每個人的私人司機」。卡蘭尼克認為，較低的車資可以帶來更多的顧客，並創造需求，進而讓更多的車子上路，這反過來又會讓司機載到客人的速度更快、賺到更多錢。

與傳統的高價奢侈服務相比，這種低成本的方式反而能帶來更好的服務。一些商業顧問們稱之為「良性循環」——一個領域的成功帶動另一個領域的成功，形成一個不斷擴大的模式。

卡蘭尼克相信，他的商業模式將從根本上改變人們在世界各地的城市中，從一個地方移動到另一個地方的方式。他認為這種模式的發展潛力，將遠遠超過只為舊金山等城市的有錢人提供豪華轎車服務。

卡蘭尼克的另一個想法是，讓使用自家車的獨立司機來發展業務，而不是由全職員工組成公司車隊。這個想法在某些方面很類似 Red Swoosh，它利用了桌上型電腦未使用的計算能力，而這次卡蘭尼克想要挖掘別人的汽車未被利用的潛力。

不過也許更重要的是，使用獨立司機可以讓卡蘭尼克和坎普宣稱，優步不是一家計程車公司，而是一家支持自僱司機，並提供應用軟體的技術公司。在優步創始人的心目中，使用約聘而非正式僱用司機，可以讓優步成長得更快，且不用面對無數的法規和限制。正是因為有這些規定，才扼殺了多數城市計程車的競爭力。

坎普同意了卡蘭尼克的計畫，並給他股權，最終讓他成為公司最大的股東。在卡蘭尼克擔任執行長的帶領下，優步正逐漸成為新興的隨選服務（按：On-demand Service，按顧客所需，或藉由即時提供產品與服務，以滿足顧客需求的一種經濟活動與服務型態）、一鍵式經濟中，最有價值的公司之一。

乘客們馬上就接受了優步，該公司在涉足的每一個新城市中都迅速擴張。顧客只需要按一按手機，幾分鐘內就能叫到一輛車，再也不必在城市街道上追著黃色計程車，或是提前打電話預約；不必猜測這一趟車要花多少錢，也不需要拿出現金或信用卡，因為帳單會在應用程式內自動結算。

卡蘭尼克所謂的「低成本奢侈品」帶來的好處是不可否認的，而且公司也在快速擴張。雖然優步的主要競爭對手來福車（Lyft）也提供叫車服務，但他們的車主可以使用任何自家車輛，並不像優步早期限制只能使用黑色轎車。

來福車的創始人在一次非洲之旅中發現，在當地使用自己的車去載人是很普遍的狀況，而且這種模式對司機和乘客都有利。但卡蘭尼克最初反對來福車的做法，他告訴監管機構，允許司機使用任何車輛進行共乘是很不安全的（與使用較新的黑色汽車相比）。

然而，隨著來福車的服務越來越受歡迎，卡蘭尼克改變了立場，讓優步也採用這種共乘方式。因此，優步成為了歷史上發展最快的初創企業之一，成立不過十年，市值一度達到七百五十億美元。

現在優步有兩萬兩千名員工，全球網絡中有約三百九十萬名司機，每天為一千四百萬人提供乘車服務。優步也將自己視為未來最主要的交通工具。

優步上市劇本——讓民眾向政府施壓

卡蘭尼克認為自己是一個有創意的實用主義者，專注於解決現實世界的問題。他把自己比作一個數學家、喜歡解決難題的人：「促使我行動的，是那些還沒有被解決的難題，我喜歡找出一個有趣且有影響力的解決方案。」

他將「創新者的遊樂場」比喻為一個特殊的環境，在其中，只靠傳統智慧是行不通的，那裡為具有創意和堅韌精神的人，提供了巨大的機會。

你必須在別人看到不可能時看到機會，還需要有在逆境中執行自己想法的能力。而在實現別人認為不可能實現的目標時，所帶來的挑戰和焦慮，被卡蘭尼克稱為「他這種人所需的重要養分」。

共乘服務的目的，是提供一種從A點到B點，更快、更便宜、更安全的方式。但卡蘭尼克和他的團隊面臨著兩大挑戰，第一個是技術層面：在城市交通複雜、消費者需求各異的情況下，如何盡可能有效率的把車送到人們身邊。

技術方面的挑戰需要複雜的後勤規畫、把車送到人們需要之處的軟體，以及正確數量的司機。目標是使供需相匹配，這樣人們在手機上按下優步後，五分鐘內就能坐上車。

第二個問題就比較沒那麼容易解決了，因為其中牽扯到了政治問題。幾乎在美國的每個城市裡，計程車和豪華轎車服務都是近乎壟斷的型態，也就是卡蘭尼克口中的「計程車聯盟」，且沒有人相信優步的服務可以與它們競爭。

這個政治挑戰迫使優步要與一大堆有影響力的利害關係人對抗，而這些人手裡握有世界上監管最嚴格的行業之一。他將面臨對方激烈及資金充足的抵制，包括交通機構、計程車、豪華轎車司機，以及支持他們的地方和州政客。

而卡蘭尼克提出的策略，則是讓民眾自發性的向地方政府施壓，要求允許使用優步。他開發了一個「優步上市劇本」，隨著時間經驗而不斷調整精進，用在優步進入的每個城市裡。

例如，紐約市長當初也想要限制優步在他的城市裡營運。然而，優步發起了一場大規模的公關活動，導致數千名市民出面要求，不要限制優步在該市的服務，市長也被迫做出讓步。

為了創造變革，卡蘭尼克願意在這個過程中疏遠強大的特殊利益集團。他還聘請了一大群說客和公關公司來推動他的事業。在他的心目中，一種更大的善正在得到維護，而錯誤正在被糾正。

優步的快速發展，意味著卡蘭尼克在短時間內就掌管了一家相當引人注目的公司，如同許多著名的科技公司創辦人（例如祖克柏和貝佐斯），卡蘭尼克也是在領導的同時學習如何領導。

管理一個龐大而複雜的企業，遠遠超過了他在 Scour 和 Red Swoosh 的經驗。他向亞馬遜等其他成功的大型科技公司，尋求可以仿效的做法。而卡蘭尼克最認同的方法，是先建立一套公司的核心理念，於是他在優步裡創造了一套，無論內容還是風格上，都獨一無二的價值觀。

總的來說，卡蘭尼克強調了所謂「冠軍心態」的必要性。首先要對自己的事業和工作做出完全的承諾。他告訴一群學生：

如果你愛上一個想法，就直接去行動。因為當你這麼做時，不管是贏還是輸，都是值得的努力。如果你有愛，做起事來會更容易。

一個熱衷於自己正在做的事情的企業家，與一個不熱愛自己事業的企業家對抗，誰會贏？我相信很明顯，兩者根本不能相提並論。

在卡蘭尼克的管理哲學中，冠軍會把自己的一切，都投入到達成目標所需的努力，他們會「把一切都留在場上」。「那些建立公司的人必須勇往直前，並且相信自己的能力會達到成功。」他如此說道。

卡蘭尼克曾說：「恐懼是病，而努力是唯一的解藥……瘋狂的努力，咬緊牙關，拚命往前爬向成功，這不是一件容易的事。」而他也認為自己絕對有能力在逆境中努力工作。

電影《黑色追緝令》（*Pulp Fiction*）中有一個叫溫斯頓・沃夫（Winston Wolf）的角色，別人會找他去處理困難的情況。在電影裡，沃夫的同夥殺了一個人，於是他被叫去棄屍，同時處理掉殺人現場的那輛車。

卡蘭尼克把自己比喻為電影中的角色，是一個能夠解決問題的人，有能力處理讓大多數人不知所措的混亂和緊張情況。

卡蘭尼克還相信，當發生有建設性作用的衝突時，就應該欣然接受它，他稱之為「有原則的對抗」。無論是想法、人、制度和法律，只要在他看來是阻礙進步的，就應該起而挑戰它。

他認為計程車公司和監管機構都還停留在過去，一直以來也未能提供改善公共交通的創新技術和方法。更糟糕的是，卡蘭尼克認為他們把自己的經濟和政治利益置於顧客的利益之上，那群人的腐敗行徑，阻止了像優步這樣的新創公司在他們的城市營運。

邁阿密戴德縣就是這樣的例子，該州的法規要求乘客至少提前六十分鐘預訂接送服務，且每次乘車至少要支付八十美元。而無論卡蘭尼克是不是有意的，他都已經成為了那些反對政府干預技術創新的鬥士。

當被問及舊金山政府對優步公司的激烈回應時，他說：「我們完全合法，完完全全合法，政府居然要我們關門。你們可以乖乖按照他們所說的去做，也可以選擇為自己的信念奮鬥。」

卡蘭尼克把每個城市都視為戰場，需要透過激進的活動和優步團隊來贏得勝利，這將迫使那些既得利益的集團在大眾壓力下屈服。為此，他也想要一群與他有共同核心理念的人加入他的公司。

一位申請優步工作的人回憶道：「我今年參加了優步的面試，他們問的問題，是我聽過最尖銳的……尤其是在『文化』的部分，他們向我說明了一個明顯違法的案例，不過優步卻認為『他們知道自己是對的』，然後問我是否有過類似的工作經歷可以分享。」

對卡蘭尼克來說，反抗現狀是優步的商業使命，也是道德義務。他的心態是反抗他認為腐敗的機構，了解他的人也說：「當卡蘭尼克能顛覆常規時，他才會真正活躍起來。」

谷歌母公司 Alphabet 的前執行董事長艾立克・史密特（Eric Schmidt）指出，卡蘭尼克是「最純粹的連續創業者（Serial entrepreneur），他擁有連續創業者所有的優點和缺點。他是一個鬥士……他可能會變得很不討人喜歡，特別是在他不同意的事情上。」優步的一位投資者則說得更坦白：「若想要成為現狀破壞者而同時不當個混蛋，是很難的。」

只想著擊敗對手，就是過度著迷

卡蘭尼克堅持不懈的追求成長，但問題是他太過於沉迷其中，因此不會去考慮其他方面，他只熱衷於尋找將人們從一個地方送到另一個地方的最有效方法。從內在的角度來看，藏在他心中的數學家認為，這是一個配得上他聰明才智的問題，因此他堅持不懈的努力提高優步的性能，使其滿足世界各地城市的需求。

然而，他的言行也舉止顯示出，在追求成長的過程中，擊敗對手是他的首要目標。投資過 Red Swoosh 的美國企業家馬克 · 庫班（Mark Cuban）非常了解卡蘭尼克，他擔心卡蘭尼克想要贏得戰鬥的欲望，比打造一項人們認為不可或缺的服務（指 Uber）更強烈。

卡蘭尼克並沒有意識到，這種勢不可擋的動力已經變得適得其反，他和公司的行為經常違反社會、道德，和相關的法律界限。他的一些違法行為常常造成公關危機，他也說過一些損害自己聲譽和公司品牌的話。而其他的行動，尤其是關於優步的公司文化和市場策略，就更具破壞性了：

- 卡蘭尼克以咄咄逼人的方式，對付那些被他視為保護計程車行業的人，從而使得他與監管機構和政界人士關係都不好。他曾說，優步捲入了一場政治鬥爭：「候選人是優步，而對手是一個叫計程車的混蛋。雖然沒有人喜歡它的對手，且它也不是什麼好人，但是它和政治機器的關係已經密不可分，所以很多人都欠它人情。」

對於競爭對手，比如來福車（他說來福車是優步的複製品，不值得提及），以及那些對優步的做法提出批評的顧客，卡蘭尼克在公開聲明中也同樣盛氣凌人。在一次採訪中，他說那些批評優步在高峰時期動態調整定價的人，是因為不夠聰明，所以不能理解經濟供需的定律。

- 優步使用隱蔽軟體，以避免被那些試圖限制優步汽車進入城市特定區域（如機場）的市政當局發現。優步會在他們懷疑是政府監管人員的手機上，安裝山寨版的優步應用程式，防止他們監控優步車輛的真實位置。一旦下載完畢，該軟體就能偽裝車輛的所在位置，並假裝司機沒有在禁區內載客。
- 優步向蘋果隱瞞它正在祕密辨識和標記 iPhone。當時優步正在處理帳戶欺詐問題，有些不道德的司機利用在亞洲被盜取的 iPhone 建立假帳戶，預定假的乘車服務（因為優步會根據這些訂單支付獎勵金給司機）。

優步對這狀況的解決方案，是在每一支 iPhone 中嵌入一種名為「指紋」的識別代碼，即使用戶刪除了手機的資料，「指紋」仍會保留，這些隱藏的代碼讓優步解決了盜用手機欺詐的問題。然而，蘋果公司有一個明確的政策，即手機資料一旦被刪除，將不會留下前主人的身分痕跡。

優步明白這一點，並試圖使用一種名為「地理資訊系統」的軟體，來避免被蘋果偵測到，讓優步可以隱藏它的祕密代碼。蘋果最終發現了優步的欺騙行為，執行長庫克告訴卡蘭尼克，如果優步不停止，蘋果將會禁止其系統安裝優步。

・整整一年，優步都沒有公布他們曾受到駭客攻擊，總共有五千七百萬名司機和乘客的個人資訊外洩。優步後來找到這兩名駭客，並支付他們十萬美元銷毀這些資料，而且不得公開這些資訊。

該公司聲稱，作為預防措施，是他們付錢請駭客攻擊他們的軟體（這種行為有時被稱為「漏洞賞金」）。但這個消息一傳開，使用者和媒體就指責優步支付贖金給犯罪分子，且對遭受駭客攻擊的行為保密，以避免客戶和投資者產生負面觀感。人們普遍認為，優步沒有第一時間告訴用戶們，他們的個人資料已被第三方廠商竊取，就是不負責任的行為。

・據稱優步從它的競爭對手中，拿到了關於自動駕駛汽車技術的機密檔案。Alphabet公司旗下的自動駕駛汽車公司 Waymo 對優步提起訴訟，稱前 Waymo 高管安東尼・萊萬多夫斯基下載了一萬四千個機密檔案，竊取了該公司在自動駕駛汽車技術方面的相關智慧財產權交給優步。最後兩間公司達成和解，優步支付了約二・四五億美元的賠償金。

・優步在沒有獲得加州政府許可的情況下，逕自在舊金山測試自動駕駛汽車。但優步公司則認為這些技術驅動的汽車，並不符合自動駕駛汽車的定義，因為它們是在司機的監督下運行的。

測試車輛的影像後來被公開，其中一些車輛闖了紅燈，有些人猜測，優步之所以沒有登記車輛，是因為他們必須向政府機關報告司機控制車輛的各種情況，以及任何違規行為（比如闖紅燈）。

・在優步工作了一年的工程師蘇珊・福勒（Susan Fowler）發表了一篇部落格文章，描述優步的企業環境對女性充滿敵意，並且在她投訴受到上司性騷擾時也不願採取行動，這更加深了優步文化的負面形象。

當福勒的文章像病毒一樣傳播開來後，許多員工也公開發表了類似的聲明，包括如果檢舉了其他員工歧視性的做法和行為，主管和同事就不會放過他們。在輿論壓力下，優步對其工作環境進行了內部和外部調查，包括對員工向人力資源部門提出的兩百多起投訴。

調查的結果是，二十名優步員工被解僱，公司的管理政策和方法也產生了許多改變。這些改變包括重新審查公司的薪酬條件，解決潛在的性別偏見，並任命一位新的營運長，以解決經營中的缺陷。

優步面臨一連串問題的猛烈衝擊：重要管理職位的空缺、媒體日益增加的負面報導、司機罷工抗議公司的薪資策略、計程車行業組織的反對、監管機構和競爭對手的法律行動，以及對於歧視女性的「兄弟文化」指控逐漸失控。

卡蘭尼克承認自己在這些問題中都有責任：「我知道我表現得像一個優步的狂熱支持者，但我也意識到，有些人用了不同的字眼來形容我……我承認我不完美，公司也不完美。和所有人一樣，我們都會犯錯。」

然而，他的公開道歉對公司的大股東們來說還不夠。初期投資者米契・卡普爾（Mitch Kapor）與芙蘭達・卡普爾（Freada Kapor）寫了一封公開信，並指稱：「優步已經這樣很多次了，透過召開全體會議來回應大眾發現的不良行為，道歉並發誓要改變，但很快就會回到往常的侵略性經營方式。」

一些股東擔心，只要卡蘭尼克繼續擔任執行長，公司就會持續面臨鋪天蓋地的負面消息，難以控制。他們的投資價值數十億美元，但在預期的首次公開募股之前，這些投入的成本就已經面臨著被侵蝕的風險。

以創業投資公司 Benchmark 為首的一群機構投資者，要求卡蘭尼克辭去執行長一職。他們說卡蘭尼克已成為公司的負擔，優步需要一位新的領導者。一位董事會成員說：「現在的狀況是，如果公司繼續朝先前的方向發展，整間公司的上上下下，包含司機、乘客、員工、股東，全都將處於危險之中。」

與此同時，卡蘭尼克還遭遇了一場家庭悲劇，一場船隻事故導致他母親死亡、父親重傷。一個月後，卡蘭尼克辭去了執行長的職務。他在離職時寫道：「我愛優步勝於世界上的所有東西，在我個人生活的這個困難時刻，我接受了投資者的請求辭職下臺，讓優步能夠重新建設，而不是因另一場爭鬥分心。」

優步的新領導人達拉・科斯羅薩希（Dara Khosrowshahi）稱讚卡蘭尼克創建了一家傑出的公司。同時，他也補充道：「我們現在清楚的知道，高速增長可能潛藏著文化問題。我們也絕對沒有藉口，不去做正確的事情。」

鬆散的組織結構，無法支撐快速發展的企業

當我們給予某個人的肯定或指責，超過了他因某特定結果而應得的程度時，就會產生所謂的「基本歸因謬誤」（Fundamental Attribution Error）。這是人們普遍常犯的錯誤，因為在判斷公司或社會事件的發展方面，背後通常都會牽涉到更大的力量。

只專注於某個人扮演的角色，等於是在簡化複雜的世界，因為在我們眼裡，此人要對

一系列我們還沒有完全理解的事實負責。

想想電影公司皮克斯（Pixar）被賈伯斯收購後的非凡成功吧。皮克斯以技術創新和廣受好評的電影，澈底改變了動畫電影產業。賈伯斯對皮克斯的成功有著正面的影響，包括投資的金錢和他的管理影響力。

然而，同樣真實的是，在公司生產一部接一部暢銷電影的過程中，皮克斯的共同領導人艾德文・卡特姆（Edwin Catmull）和約翰・拉薩特（John Lasseter）也發揮了重要的作用。在造就今天的皮克斯方面，誰才是最重要的功臣？

由於賈伯斯之前在蘋果的名聲，所以他成了三人中最引人注目的領導者，也獲得了大部分的讚揚，但實際的情況比較可能是，這三個人對公司的成功都至關重要。

回到優步的例子，我們的錯誤在於，大家都把它的成功和失敗全歸因於卡蘭尼克一個人。我們是不應該低估領導能力所帶來的影響，但也必須考慮更廣泛的多樣因素，才能更了解優步的故事，以及我們可以從中學到什麼。

許多對優步的評估，都是從卡蘭尼克對公司的影響開始。從正面的角度來說，因為卡蘭尼克的領導，優步成了一家值得我們關注的公司。雖然這項開創性的技術是由坎普所開發，不過，是卡蘭尼克塑造了公司的成長策略和業務經營。

我們不禁會想，除了卡蘭尼克，還有誰能創建出一家，像他在任期間那樣，以驚人速度增長的公司呢？他擁有的獨特技能，幾乎完美的滿足了優步早期的需求。他善於分析，有解決複雜問題的創意，善於籌集資金，而且執行能力強。公司創始人坎普視卡蘭尼克為推動公司發展所需的人選，這在當時的條件背景之下，的確是最佳選擇。

改變現狀從來不是一件容易的事，很多人在嘗試之後都失敗了。卡蘭尼克用共乘應用程式顛覆交通產業，他不怕法律威脅，無視計程車抗議，讓優步衝破了監管障礙。如果對方提出的解決方案不符合他的願景（讓優步成為在城市內移動最簡單的方式），就算對方是制定規則的人，他也永遠不願意屈服妥協。

很少有人能建立起像優步這樣飛速增長的公司，它使數百萬人每天的生活更加便利，同時也是雜貨配送等一系列「隨選服務」的起源，優步改變了我們生活的模式。

公司的某位董事會成員，雖是要求卡蘭尼克辭職的人之一，但依然承認卡蘭尼克的成就。他在一篇文章中寫道：「歷史書上將會有很多頁在書寫卡蘭尼克，很少有企業家能對世界產生如此持久的影響。」在卡蘭尼克辭職後，公司內部甚至流傳著一份請願書，要求再請他回來，且有超過一千人簽署表示同意。

優步的一名員工在臉書上為卡蘭尼克辯護，稱他激勵人們「想得更大、更快、更有影響力，比以前任何人膽敢夢想的都要偉大」。他的支持者承認他的確犯了錯誤，但他也認為在一定程度上，這些錯誤是因為優步正在面臨阻礙，所以必須採取更激烈、不受限制的方式。

優步前開發負責人克里斯・梅西納（Chris Messina）認為，我們應該從交通行業的角度來評論卡蘭尼克。他表示，與以前的矽谷成功故事相比，「優步所處的環境中有更多的既得利益者，而他們採用的是一套不同的規則。所以，用同樣的準則來評價卡蘭尼克和他創造的文化，真的公平嗎？我們真的是拿蘋果在跟蘋果比嗎？」

另一些人認為，優步的快速增長和分散的組織結構，造成了一個混亂的環境，所以很容易出錯。優步的成長速度之快，幾乎沒有其他公司有過這樣的經歷，而且他們缺乏防止不法行為所需的文化、方法，和人才。

曾在谷歌擔任高階主管、後來在雅虎（Yahoo）任職執行長的瑪麗莎・梅爾（Marisa Mayer）也為卡蘭尼克辯護，她相信他對所發生的違法行為並不知情（尤其是有關性別歧視的指控）。

梅爾指出：「他們公司的規模是難以置信的棘手……我認為他是一個非凡的領導者，優步真的非常有趣……我覺得他只是不知道。如果你公司的規模發展得那麼快，那真的很難掌握好每件事。」

然而，卡蘭尼克是推動增長的人，因此，對於自己創造的產品所帶來的風險管理不力，他必須承擔責任。更直接的說，他也是當中許多問題的根源。矽谷的高階主管們經常談論擴大公司規模的挑戰，這裡的挑戰指的是管理一家日益壯大的公司時，所需建立的正式和非正式程序。

領導者們在努力奮鬥的過程中，一面要促進經濟增長，一面也要處理由此帶來的混亂。優步會發生這種情況，確實是可以理解的，但不能成為發生事情的藉口。

有一部分的問題，在於卡蘭尼克未能成長為一個規模化的領導者。他或許具備新創企業初期所需的領導人的特質，但現在優步已經成為了一間大公司，一間更有知名度和影響力的公司。對於那些希望從卡蘭尼克的經驗中學習的人來說，必須特別注意他在領導方面的三個失誤：

・公關形象不佳

有的時候，卡蘭尼克缺乏了一些，我們認為「知名公司領導人」該具備的情緒和社交智慧。媒體稱讚他是新型態的領導人，會做別人不敢做的事，說別人不敢說的話。

大多數注重形象的企業領導人，他們的公開聲明通常都很謹慎且政治正確，相較之下，卡蘭尼克對自己的信念和策略是毫不遮掩的誠實。但問題是，他做得太超過了，那些言論反過來傷害了他自己和優步。

在一次公共論壇上，他回答了一個關於自動駕駛汽車未來發展的問題。卡蘭尼克說，這是不可避免的，原因有二。首先，它們比較安全。每年有一百萬人死於車禍，自動駕駛汽車將成為一種更安全的交通工具。

第二個讓自動駕駛汽車成長的因素是成本，花費會下降。這是因為「車裡的另一個傢伙」（也就是司機）很昂貴，擺脫司機，你就能省下不少錢。

卡蘭尼克的聲明雖然聽起來正確，但對數以萬計努力為優步顧客提供日常服務的司機來說，這種言論實在得不到好評。

卡蘭尼克沒有意識到自己說的話會造成什麼影響。還有一個例子，一位採訪者問他，優步的成功是否改變了他的生活？卡蘭尼克則回應，他有時會把這家公司稱為「boober」（譯按：boob為女性胸部的通俗用法，這裡指的是吸引女性的東西），因為很多女人覺得領導一家極度成功公司的他非常有魅力。可想而知，許多顧客都不喜歡他的這番言論。

關於卡蘭尼克缺乏情緒智商，還有第三個廣為人知的例子，是他在邁阿密的員工旅遊前發給同仁的備忘錄。在信中，他描述了對同事的期望，列出了「執行長覺得ＯＫ」：有超讚的性生活，和「不ＯＫ」：不要和其他員工發生性行為，除非，一、對方肯定的說：「好！我要和你做愛。」或者，二、你們兩個（或更多人）不屬於同一個指揮系統。沒錯，這表示這次旅行中，我本人將獨自度過夜晚。後來這份備忘錄被洩露給媒體，意料之中的成為了負面的頭條新聞。

• 個人道德備受質疑

這是更致命的缺點，指卡蘭尼克「不計一切代價取勝」的心態。那些能打造出偉大企業的人，通常都是很堅強的人，他們會為了公司的生存和繁榮，做出必要的事情。

而卡蘭尼克更為極端，他的許多作為，已經很接近道德和法律方面的底線：在卡蘭尼克職業生涯的早期，媒體公司起訴 Scour 非法下載音樂和電影；後來，Red Swoosh 不恰當的將員工預扣稅款用於一般商業目的；優步也面臨多項指控，因為卡蘭尼克對員工、司機、顧客和競爭對手，都曾做出不當行為。

從某些方面來看，他很像能源公司安隆（Enron）的前執行長，傑佛瑞・斯基林（Jeffery Skilling）——也是一位行為超級激進的執行長，後來因欺詐和內幕交易等罪名入獄。如前所述，卡蘭尼克沒有因任何非法活動被判罪，但他的行為顯示，在促進公司成長方面，他和斯基林非常相似。一位評論者指出：「優步完全體現了矽谷資本主義者的特色——執迷不悟且不計代價的取勝。」

傑出的領袖，就像傑出的運動員一樣，未必是令人欣賞的人。讓他們得到卓越成就的特質，也可能導致令人不敢苟同的行為。若一個人在某方面表現傑出，就認定其他方面也一定都值得讚揚，那就太天真了。

最好的領導者會推出有益於社會的產品和服務，但可能是以一種某些人無法接受的方式促使他成功，在某種程度上，甚至是具有破壞性的。卡蘭尼克就是這樣，他侵略性的做事方式，對優步既有利又有弊。但他並不是唯一這樣的人，賈伯斯有時會採取欺騙和懲罰的方式，對待質疑他行為的同事和公司外部人士。而馬斯克早年會在自己創立的公司裡失去領導職位，部分原因也是因為他對待員工很苛刻。

問題是，領導者的行為到什麼程度就算越界？如何衡量造成的傷害是否多於好處？什麼是不能跨越的道德界限？在利害關係者（如顧客、員工、股東）眼中，他們造成的傷害到什麼地步，會被認為是無法補救、不能繼續領導公司？

執著的領導者身邊，必須有能保護他們不被自己傷害的人。擁有一群顧問是極其重要的，尤其是當領導者已經將自己的優勢發揮到極致，可能開始造成風險出現時。

但現在看來，當初卡蘭尼克周圍的人都和他有同樣的想法，都是堅定的經濟成長提倡者。他們跟卡蘭尼克太像了，又或是缺乏權力，無力阻止困擾公司的醜聞發生。

在卡蘭尼克任期的最後幾年，未能阻止吞沒優步的失誤，公司的主要營運、人力資源，和法律部門的負責人，尤其要承擔部分責任。挑戰自己的老闆從來不是件容易的事，但在一個功能健全的團隊中，確實需要這些角色的存在。

然而在優步，似乎沒有人能控制住卡蘭尼克。公司總裁傑夫・瓊斯（Jeff Jones）加入優步短短六個月就辭職，他在離職時表示：「很明顯，我在優步所看到和經歷的，與我職業生涯的信念和領導方式並不一致，因此我不能繼續擔任這間公司的總裁。」

・負面的公司文化

卡蘭尼克在領導方面的第三個錯誤，是未能控制好關於他和公司的故事。在公司剛成立之際，媒體稱讚他大膽創造了人們喜愛的共乘服務。作為一家重要公司的執行長，他的風格也很吸引人，說起話來就像南加州愛衝浪的陽光男孩。

在一次採訪中，他提到一部伍迪・艾倫（Woody Allen）在七十多歲時拍攝的電影，在卡蘭尼克前幾次創業失敗後，給了他啟發：「我心想，那傢伙已經那麼老了，還在做這麼厲害的事……我就覺得好吧，我還有機會，我一定能做到。」

在另一次演講中，他描述公司創始人坎普創造的優步軟體：「我感覺活在了未來，只要按一個按鈕，就有一輛車開過來。但現在我好像該死的皮條客，因為坎普才是發明這個東西的人，我只負責賣它。」大多數帶領數十億美元企業的執行長們並不會這樣說話，而有些人卻覺得這樣很有吸引力。美國數據公司 CB Insights 創辦人阿南德・桑瓦爾（Anand Sanwal），提到有許多新聞媒體和一般大眾，在優步公司的早期都給予很正面的評價：

優步的故事超級引人注目。行事躁進的創始人（卡蘭尼克）接手了發展遲緩的行業，改變了遊戲規則，創造了極具價值的服務，受到大眾喜愛……這麼做的同時，他還對監管機構和競爭對手比出中指。

然而，後來輿論的風向漸漸轉移，媒體和大眾開始批評他的言論、行為，以及他在優步創建的文化。這間公司從致力於改善人們生活的好鬥初創企業，變成為了取勝不惜一切代價，玩弄骯髒手段的公司。

在優步發展期間內，提供了超過一百億次乘車服務的偉大事實，卻因為一連串的負面消息被掩蓋了。而一段卡蘭尼克和優步司機法齊（Fawzi）討論賠償政策的影片，更是將他推向了風尖浪頭。

法齊認為優步付給司機的錢不夠，卡蘭尼克則回應：「有些人不喜歡為自己的狗屎人生負責，他們習慣把生活中的一切都歸咎於別人，祝你好運。」然而為什麼司機會將與卡蘭尼克的對話錄下來，並且發布到網路上？這部分有些爭議（有些人認為這並非偶然）。

這段影片讓卡蘭尼克被描繪成一個自傲的執行長，且不關心公司第一線的工作夥伴。後來，卡蘭尼克相當罕見的以一份聲明向他的同事們公開道歉：

到目前為止，我相信你們都看過我無禮對待優步司機的影片了。說我感到羞愧是極其保守的說法。作為你們的領導者，我的工作就是領導……首先，要以一種讓我們所有人都感到驕傲的方式行事。我沒有做到，也沒有任何藉口可開脫。

很明顯，這段影片反映出我不堪的模樣，而我們受到的批評，則是對我的強烈提醒，作為一名領導者，我必須從根本上改變與成長。這是我第一次願意承認我需要領導力方面的幫助，而且我打算去尋求幫助。我想向法齊、所有司機、乘客，以及優步團隊，致以深深的歉意。

還有另一個值得注意的事件。優步的一名高階主管埃米爾・邁克（Emil Michael）指出，如果有記者寫了關於優步的報導，被優步認為會造成負面影響的話，他們願意花一大筆錢（超過一百萬美元）去調查那些記者。

邁克暗示，一位名叫莎拉・萊西（Sarah Lacy）的記者，就是此類調查的目標。她的文章描述了她所看到優步厭惡女性的狀況，並告訴她的讀者，她已經把該公司的應用程式從手機裡刪除了。萊西很自然的把邁克的話當作一種威脅，目的是要破壞她的名譽，阻止她寫優步不喜歡的文章。

想當然，其他記者對於同業受到恐嚇，以及優步攻擊新聞自由，感到相當憤怒。當邁克的言論一被公開，他馬上就道了歉，並表示這些都是私下的對話，並不能代表他和優步真正的信念。不過可以肯定的說，大多數媒體都沒有接受他的道歉。

而優步的某些行為，也讓卡蘭尼克流失了部分顧客，有些人認為優步在他們有需要的時候占他們便宜（動態計價）。對此卡蘭尼克則反駁說，其他的行業，比如航空公司和飯店等，也都是採用同樣的計價方法。

優步認為，需求高峰期的價格調漲，可以讓更多司機上路，也就會有更快的抵達時間和更好的服務，是雙贏的局面。針對高峰動態定價爭議，優步並沒有選擇好好溝通。

大部分乘客很不喜歡在暴風雪或計程車罷工期間，被收取更高的車資。雖然優步會在派車前通知乘客，目前以高峰時段價格計算，因此預估車費會更高。然而，這並沒有改變人們對優步的負面看法。卡蘭尼克很快就被塑造成一個貪婪、冷酷、不關心客戶的執行長，這也讓他的對手有理由把他描繪成一個沒有道德感的領導者。

事實上，其他領導人也面臨過類似的批評（雖然沒有那麼極端）。但有些人，比如貝佐斯，就很理解公司形象會帶來的影響。據《貝佐斯傳》作者布萊德・史東說，幾年前貝佐斯和他的領導團隊進行了一次討論，內容是關於一家公司被大眾看好的重要性。

貝佐斯寫了一份名為「amazon.love」的備忘錄給團隊，他提出問題，為什麼有些公司擁有正面的公眾形象（比如蘋果），而有些公司沒有（比如高盛）？貝佐斯表示，要讓大眾支持公司的長期發展，保持良好的聲譽至關重要，他還列出了十七個他認為有助於公司保持良好聲譽的條件。優步有其中某些貝佐斯稱為「酷」的特質（創新和探索），也有一些很糟糕的特質（粗魯和太在意競爭對手）。

關鍵的區別在於，貝佐斯不認為亞馬遜的目標是要顛覆傳統，而是必須取悅顧客。然而，貝佐斯和亞馬遜，現在也面臨著與卡蘭尼克和優步同樣的批評。《紐約客》（*New Yorker*）的一篇文章〈亞馬遜能停下來嗎？〉（*Is Amazon Unstoppable?*），將貝佐斯描述為「殘酷資本主義大師」。他對「amazon.love」的執著，讓許多人批評亞馬遜的行為，已對社會造成了負面影響。

亞馬遜在許多議題上面臨指責，包括隨著公司規模的不斷擴大，它可能會違反反壟斷法、亞馬遜對傳統零售商店和就業的威脅、繳納稅款低於法定稅率、訂單履行中心苛刻的工作條件、產品的真實性和安全性，以及公司過去對工會組織的抵制。人們對亞馬遜的看法越來越負面，貝佐斯必須謹慎小心，不要讓大眾認為他的頑強不懈是冷酷無情。

顧問團隊能避免領導者著迷於錯誤方向

卡蘭尼克多種失誤的累積效應，讓許多關鍵的利害關係者已經不再信任他。而保持信任的第一個必要條件，是領導者必須拿出成果。在大多數情況下，卡蘭尼克在這方面的能力相當卓越，乘客量每年都在上升，投資者也不斷增加對公司的注資。雖然當時遇到了一些問題，像是無法打進中國市場，然而，在其他大部分的城市中，優步都繼續以極快的速度吸引乘客。

信任的第二個必備條件是正直。由於那些困擾著公司的醜聞，卡蘭尼克在這部分基本上是失敗了。

第三，領導者必須表現出對他人的關心，尤其是對顧客和員工，而這就得具備從他人角度看世界的同理心。在這部分，卡蘭尼克的言行再次讓他顯得自私自利、冷酷無情。雖然創造了一項人們喜愛的服務，但他的行為卻顯現出，比起顧客、同事，和司機的福祉，他更重視公司的成長和營利能力。

只有當結果、正直，和關心這三個必要條件都明顯成立時，才能贏得信任。卡蘭尼克實現了業績成長，這讓一些人，尤其是股東，能對他令人反感的行為稍微寬容一些。但他持續的失誤，漸漸侵蝕了人們對他正直和關心他人的看法。一旦越過了某個界線，就會導致信任破裂。卡蘭尼克越過了正直和關心的門檻，也找不到回去的路。

卡蘭尼克有時會把優步說成是他的配偶，他愛它勝過世界上的一切。但這種程度的承諾會導致防禦性行為出現，尤其當領導者感覺公司受到威脅時。將這一點與伴隨巨大成功而來的自信結合起來，結果可能就會產生出一個不願接受意見回饋和建議的領導者。

卡蘭尼克是讓這家面臨巨大障礙的公司恢復生機的驅動力，他遭遇運輸行業（計程車）和政府的反對，這些人試圖殺死他的公司。卡蘭尼克犯過錯，但考慮到他在優步做到的非凡成功，以及必須對抗那些反對者的心態，我們可以理解他為什麼不改變自己的做法。

而卡蘭尼克最終也意識到，如果他不能成長為一個成熟的領導者，他就會面臨到可能危害公司的巨大風險，不過這個覺悟來得太晚了，他已經失去主要投資者、媒體、許多司機，和一些顧客的信任。

總而言之，卡蘭尼克的失敗之處在於，他的領導能力未能以管理一家日益複雜和重要的公司所需的速度成長。

卡蘭尼克並不是唯一要對優步危機負責任的人。該公司更大的治理體系也同樣有罪，特別是優步董事會，他們未能監督和壓抑卡蘭尼克糟糕的本性。董事會成員很清楚他的性情，因此我懷疑他們是不願重蹈三十多年前的覆轍——當時蘋果董事會將賈伯斯趕出了他創辦的公司。由於不想解僱一位有遠見的創始人，所以董事會在很大程度上是被動的。或者在更極端的情況下，他們只能扮演「推動者和辯護者」的角色，無法對公司建設提出實質的意見。

許多董事會的結構會強化這種趨勢，讓創始人保留他們在公司的權威，尤其在科技業更為常見。這些創業者們規畫公司結構的方式，通常是希望在公司上市後，他們能透過持有股票和投票權，來維持對公司的控制。

其最後造成的結果可能是，董事會成員和股東的權力十分有限，難以迫使領導者（創始人）改變行為、或改變公司慣例和文化。在優步的案例中，卡蘭尼克、坎普，和萊恩・格雷夫斯（Ryan Graves，公司的第一位執行長和總經理）保留了對公司的投票控制權，意思是優步的董事會成員和主要股東可以提供建議，但也僅只於此，除非這三位主要股東支持他們的提案。

對於縱容領導者的不正常行為，那些投資公司也難辭其咎。因為這些公司希望初創公司的創始人能考慮讓他們進行早期投資，所以會盡可能對創始人釋出善意。然而，如果這間投資公司曾經決議把新創公司的創始人撤換掉，通常就不會受到其他創業者的青睞。

創始人確實有理由擔心，因為研究顯示，大多數創辦人，最終會從公司的領導職位上退下來，而且其中有八〇%的人，是被投資者或董事會成員施壓而被迫離職的。一旦開始賺了錢，而創始人又有些與眾不同的想法時，董事會和投資者就更有可能對他們的作為抱持消極態度了。

革除創始人或控制其行為並不是簡單的事。優步董事會成員比爾・格利（Bill Gurley）在談到卡蘭尼克的辭職時說：「今年夏天發生的所有事情，對我們來說都是非常艱難的決定……我們最常聽到的兩個問題是：『你們怎麼可以做這樣的事？』和『你們為什麼不早一點做？』很明顯，這兩者的立場完全對立。」

對於優步犯下的錯誤，除了卡蘭尼克，董事會中必須負起最大責任的成員就是坎普。作為公司的共同創始人，當時的董事長，也是最大的股東之一，他是唯一擁有正式和非正式權力來影響卡蘭尼克的人。在沒有強大董事會的情況下，若想保護優步免受卡蘭尼克的負面影響，最能夠發揮作用的自然就是坎普了。

坎普想要一隻比特犬，卡蘭尼克扮演了他期望的角色。但是當狗咬傷人的時候，你會只責怪狗嗎？從很多方面來看，個性是很難改變的，根據優步所發生的事情，證明卡蘭尼克的性格只有些微的可塑性，而公司的共同創始人坎普，必須去扮演那股平衡的力量。

我們不知道這兩人是否有進行對話，但根據優步種種的不當行為，我們現在已經看到了後果。坎普如果不是不知道公司正在發生什麼事，就是沒有以足夠堅定的方式進行干預。無論哪種情況，都是他的錯。

卡蘭尼克辭職後，坎普表示優步正在經歷成長期的陣痛，他們沒有辦法隨著乘客量增加，同時建立起有效營運所需的系統和文化。他相信公司已經從錯誤中得到了教訓，會更加認真傾聽那些想幫助公司成長者的意見，尤其是優步的團隊成員和司機。坎普沒有直接批評卡蘭尼克，也沒有為他在優步缺點中所扮演的角色承擔責任。相反的，他關注的是未來及優步對社會的正面影響。

對於優步發生的事情，媒體也有一定的責任，他們先把卡蘭尼克描繪成一個英雄，後來又塑造成一個惡人。他最初被奉為新一代執行長的典範，年輕、聰明、好鬥，後來又被塑造為一個行事反社會的貪婪資本主義者。

最後，透過卡蘭尼克自己那些不負責任的言論和行為，媒體更是確保了卡蘭尼克無法逃脫輿論譴責，使他成了廣受大眾關注的對象。

科技記者瑪雅．科索夫（Maya Kosoff）認為，人們對任何與卡蘭尼克有關的事情，都有負面評論的傾向，她在推特上寫道：「他並不是媒體所說的那種怪物。」

那些帶有陰謀論心態的人更進一步指出，卡蘭尼克之所以被攻擊，是因為他挑戰了強大的既得利益者，例如計程車行業以及支持他們的政客。這些人警告，其他有遠見的領導者（包括馬斯克），如果他們的公司不斷成長，並威脅到相關產業某些人的利益時，也將面臨同樣的風險。

卡蘭尼克的例子告訴我們，執著的領導者和團隊總是處於風險之中，因為過於專注自己的目標，過於熱切想保護自己的公司，使得他們總會做出自我毀滅的行為。

卡蘭尼克一心一意要讓優步成為運輸業的主導企業，反而傷害了他深愛的公司，也結束了他的執行長生涯。他執著於以最快方式把人和產品從A地送到B地，而在努力讓公司成長時，也是抱著一樣的心態。

在優步的故事中，卡蘭尼克把自己的角色發揮到了極致，完成了他唯一能扮演的角色。他的起與落，或許比近期任何一位商業領袖的故事都更能說明，為什麼執著是一種福氣，也是一種詛咒。

著迷，甘願賭上所有

- 卡蘭尼克願意為了成就今天的優步，而做出任何必要的事情。他是優步的幕後推手，將共乘變成一種可行的交通方式選項，並成為世界各地市場上其他公司仿效的模式。
- 他讓自己對「蓬勃成長」的執著，凌駕於做正確的事情之上。結果就是一系列的失誤和醜聞，威脅到了卡蘭尼克和團隊建立起來的事業。
- 在某種程度上，他的衰敗是由於沒有人阻止他的自毀行為，無論在董事會、執行團隊，還是顧問團隊中，都沒有人能保護他免受執著天性的負面影響。

第 6 章

賭上所有投入工作，不是每個人都願意

美國心理學教授史托爾特・邦德森（J. Stuart Bunderson）和傑佛瑞・湯普森（Jeffery Thompson），專門研究與工作相關的心理現象。十年前，他們針對單一職業深入研究，幫助人們了解全心投入工作的利與弊。而他們選擇的職業，是動物園的工作人員們。

這些工作者有相當高的職業熱誠，雖然薪資相對較低，在普遍大學畢業生的薪資水準中，處於最後的二五％；再考慮到這份工作中不討人喜歡的部分，這些人的投入程度就更令人驚嘆了。

動物園工作人員的身邊隨時都圍繞著野生動物，一不小心就可能讓他們受傷或喪命。為了保護自己和其他的同事，他們必須時刻保持警惕。他們也必須在各種環境下（無論下雨、寒冷、炎熱）打掃動物園，包括每天清除動物糞便這種令人不太愉快的任務。

此外，許多工作人員在正常上班時間之外，還必須隨時待命，如果他們負責的動物需要照顧，無論白天或夜晚，他們就必須回來工作。但是危險、苦差事，和義務，都無法阻止那些想在動物園工作的人。許多人在獲得動物園的正式工作之前，甚至願意先做一陣子的無薪實習生。

不但如此，他們也沒有什麼晉升的機會，因為大多數動物園的管理職位有限，預算吃緊，人員流動率也低。那麼，為什麼這些在動物園裡工作的人們會如此積極呢？

簡單來說，他們對動物的愛，使他們能夠忍受這份工作的要求。然而，研究人員也發現了其中更深層的原因。在調查了數百個動物園的近千名工作人員後，他們得出結論，許多動物園工作人員認為，他們是「註定」要做服務動物的工作，並有責任確保牠們的生存，無論要做出多少個人犧牲。

他們和許多人一樣熱愛動物，但他們的職業選擇，主要並不是出於個人欲望或追求個人成就感。相對的，這些工作人員們覺得自己有「個人使命感」，要保護動物，防止牠們絕種。

研究人員指出：「這些人有他們生來就是要做這份工作的想法……對當中的許多人來說，成為一個動物園工作人員就像是他們的天命。他們甚至說了一些故事，包括是哪些事件引導他們來到動物園的，就好像是命中註定一樣。」研究人員將他們的發現，發表在一篇名為〈野性的呼喚〉（*The Call of the Wild*）的文章中。

這項研究的另一個結論是（至少對動物園工作人員來說），**「天職」是要付出代價的**。那些具有強烈使命感的人，比較有可能為了工作而犧牲，無論是較低的薪水、較少的個人時間，還是身體上的勞苦。換句話說，動物園工作人員越認真奉獻，就越有可能為此付出代價：

受到召喚的感覺，使動物園工作人員和工作之間的關係變得複雜，一方面培養出一種職業認同感、超越性的意義，和職業重要性，另一方面，也造就了一種不屈不撓的責任感、個人犧牲感，和高度警惕性。因此，我們對動物園工作人員樣本的調查顯示，天生的使命感可能是一把痛苦的雙面刃。

除此之外，另一份研究顯示，**那些對工作充滿熱情的人，比較有可能被上司和組織占便宜，像是被要求工作更長的時間、做更多的事情，以及做超出職責範圍的工作。**這些要求的出現，是因為其他人認為，有熱情的人對他們的工作有種內在的動力，會願意去做別人不願做的額外工作。而研究人員將這種現象稱為「熱情剝削」——熱情雖然有很多好處，但也有使人受損的一面。

「刻意練習」能幫助你找到使命

使命（vocation）的定義是「對特定狀態或行動的召喚或強烈傾向」，它起源於拉丁文「vocare」，意為「召喚」，最初是指那些進入神職的人。使命是執著的近親，它們的差別在於，後者是主動想要去擁有，前者則是被召喚。在這兩種情況下，個人都是被某種力量影響，驅使他去追求內心感覺重要的東西。

使命的意義在神學家馬丁・路德（Martin Luther）和約翰・喀爾文（John Calvin）的著作中，得到了進一步的延伸。他們提出，每個人都可以透過工作，生產一些對人類有益的東西，進而實現上帝的意志，包括烤麵包或者製作鞋子這種平凡的活動。

他們還認為，每個人不論其社會地位如何，都應該藉由工作為人類福祉做出貢獻。因此，工作不只是為了要有食物吃、有房子住，它還是一種具有道德和社會意義的神聖行為。

從這種觀點來看，職業任務（vocational mandate）就是找到並活出自己的使命。更極致的想法是：人類是比自身更強大力量（信念）的載體。貝佐斯就說過這樣的話：「你不能選擇你的熱情，是熱情選擇了你。它們是如何形成的，你並不能完全確定。但我確實認為你很早就被某些東西烙上了印記，你打從心底就是會對它們感到興奮。」

貝佐斯補充：「很多孩子和成年人隨著時間推移，都找到了他們的熱情所在……我認為這並沒有那麼難。但是我覺得，有時候的情況是，我們選擇讓自己的理智戰勝了那些熱情，而這正是我們需要警惕的。」所以，我們的目標就是去發現存在於心底的熱情，成為你命中註定要成為的那個人。

英國音樂家馬克・諾弗勒（Mark Knopfler）就是一個找到了自己使命的例子。十八個月大的時候，他就會和媽媽坐在一起，聽收音機裡的歌曲，聽媽媽的歌聲。

他回憶在自己六歲時，就曾想著「我是為音樂而生的」，那時他已經感覺自己的人生道路很清晰。十五歲時，爸爸買了第一把電吉他給他，諾弗勒說那是他童年中最美好的一天。大學時期，諾弗勒主修英語並開始寫歌。畢業後不久，他加入了一個樂團，到目前為止，已經在音樂產業工作約五十年，持續在表演和製作音樂。

史丹佛大學的行為心理學教授卡蘿・德威克（Carol Dweck），也闡述了另一種看待使命的方式，她認為使命是隨著經驗日積月累而產生的結果，主要是透過嘗試和錯誤而來。

德威克堅持認為，目標不是去發現你的使命，而是透過努力和探索，積極的創造它。因此，使命不是找到的，而是創造出來的。兩者之間的差別可能很細微，但那些支持職業發展方法（按：幫助個人獲取目前及將來工作所需的技能、知識的一種方法）的人則認為這很重要。

美國企業家肯特・希利（Kent Healy）強調：「尋找你的熱情並不一定是主動的行為，它其實是相當被動的，因為『追求』裡面有一種錯誤的信念，你以為看到它就能夠立刻認出來。事實上，**一個人畢生的熱情，通常是在對你能接觸到的事物中積極努力探索，而逐漸產生的。**」

大多數人並沒有在六歲時就發現自己的天職，或是能順著一條筆直平坦的職業道路前進。也就是說，那些被「召喚」的人是很罕見的，通常人們在選定一種職業之前，會嘗試許多不同的東西，理想情況下，這種職業能持續好幾年，甚至幾十年。

支持「培養熱情」這一派理論的研究人員指出：

如果你看到某樣東西，然後心想：「這看起來很有趣，這可能是我可以做出貢獻的領域。」你就會把自己投入進去……你會花一些時間去做，當然會遇到挑戰，而隨著時間累積，你就會自動在這個領域許下承諾。

以著名的房屋共享公司 Airbnb 共同創始人布萊恩・切斯基（Brian Chesky）為例。他在大學時念的是設計科系，畢業後做過幾份工業設計的工作。在過了幾年他認為很乏味的生活後，他帶著成為一名創業者的想法搬到了舊金山。

當時他還不確定自己要做什麼生意，於是做了幾次嘗試，包括推銷印有政治人物肖像的麥片包裝盒。在此期間，切斯基和一個朋友還建立了一個網站，提供人們在他們舊金山的公寓過夜的服務（他們的第一組客人睡在充氣床墊上）。

他們很快就發現，有些人想要體驗的是「歸屬感」，這種歸屬感來自於和友善的主人住在同一個房子裡，而不是住在冰冷的旅館。切斯基看到了商機，於是和兩位合夥人成立了一家公司，安排這樣的體驗，並架設網站將主人和旅客相互匹配。

隨著 Airbnb 的發展，他開始相信自己的使命是要培養一種歸屬感，首先是在公司的客人和主人之間，還有同事和他們工作的社群之間。他現在的頭銜是 Airbnb 的執行長和社群主管，這家公司自十多年前成立以來，已經接待了超過五億人。如果你問少年時期的切斯基他未來想做什麼，我不相信他會說他的使命，是在世界各地建立有歸屬感的社群。

德威克教授認為，那些認為使命是與生俱來的人，會降低他們成功找到自己熱愛工作的機會。這種觀念可能會使他們不斷換職業（即使可能是很有意義的工作領域），因為他們不能立即發現它的吸引力。

這些人會失去那些需要更多時間才能充分探索的機會，在沒有立即與自身產生連結的情況下，會認為這項工作一定不是他們的使命。當工作變得具有挑戰性或令人沮喪時，他們也可能會放棄這潛在的天職，因為他們錯誤的認為，使命召喚總是令人愉快的。

對此，德威克提出了相反的觀點，她認為一個人的使命是隨著經驗而演變的，因為「隨著時間累積，人們會變得更適合他們的職業」。

但無論職業是與生俱來還是需要創造的，對於那些有強烈使命感的人來說，有幾個因素能讓他們很明顯判斷。首先，這種召喚對他們來說有著迷人的吸引力。當其他人覺得工作很無聊而轉向別的事情時，他們卻非常在乎自己的工作，會花大量的時間在上面，因為他們認為「工作帶來的樂趣遠遠大於玩樂」。

在一次畢業典禮演講中，賈伯斯告訴大學生們：「你們的工作將占據生活的很大一部分，而真正得到滿足的唯一途徑，就是做自己認為很棒的工作。而擁有一個很棒工作的唯一途徑，就是熱愛你的工作。如果你還沒有找到，繼續尋找，不要將就。」

任何專業的成就都需要多年的努力，當其他人可能放棄時，熱情提供了繼續前進的動力。這包括運用研究人員所說的「刻意練習」，這些都是達成使命的要素，它需要付出更多的努力，才能達到更高的表現水準。擁有職業熱情可以讓你專注於需要改進的領域，讓你工作表現得更好。

我們還可以假設，當一個人在他感興趣的領域中也有一些天分時，就更可能擁有強烈的使命感，而具有天分也能增加實現目標的動力。大多數人都喜歡參與自己擅長的活動，並且會因為得到認可而受到激勵。有天賦的人比較可能會在某項任務中投入更多的時間和精力，日積月累下來，就更有可能成功。

關於天分帶來動力，最終取得成就的一個例子，就是貝佐斯。他原本的計畫是在大學裡學習物理，並成為該領域的頂尖人物。

太空探索是他的初戀，而他認為物理是他的使命。不過，貝佐斯很快就發現，他在普林斯頓大學（Princeton University）的一些同學「天賦異稟」，能夠迅速掌握他無法輕易理解的東西。作家布萊德・史東曾說了一個貝佐斯的故事：

大一那年的一個晚上，貝佐斯正在為一個偏微分方程式而苦苦掙扎。幾個小時後，他和學伴去一位同學的宿舍，那位同學只瞥了一眼方程式，就說出解答「Cosine」（三角函數的餘弦）。貝佐斯說：「在我們對他的答案表示懷疑之後，他就寫了整整三頁連貫的算式，證明出它是Cosine。」

這段經歷讓被貝佐斯了解到了現實：有些人的大腦，在處理物理中抽象概念的能力，遠遠的超過了他。他知道，那些能在理論物理學領域做出貢獻的人，必須至少排名在世界前五十名。

這些人具備他沒有的天賦，就算他比該領域裡的任何人都更努力，也仍然無法達到他們的水準。於是他果斷改變了主修課程，最後拿到電子工程和電腦科學的學位。貝佐斯清楚明白，儘管他熱衷於太空探索，但他卓越的天賦並不在物理領域，而他後來主修的電腦科學，也為職業生涯帶來了成功。

然而，天賦未必能增加對工作的投入。對某些人來說，**高水準的天賦反而可能是一種負擔，因為他們的天賦能讓他們用較少的努力，就取得更多的成就，因此他們可能永遠不會培養出發揮潛能所需的動力和紀律。**

舉例來說，大多數神童並沒有成為所在領域的傑出人物。一位研究這些天才的心理學家指出：「當成功來得太容易時，天才們會很難接受崇拜消失後發生的事情——其他的競爭對手開始追上，情況也變得更艱難。」

印第安那大學（Indiana University）心理學家喬納森・普拉克（Jonathan Plucker）認為，這有一部分是由於其他人對待天才的方式：「我們只會說：『孩子，你真的很有天賦。』卻不會接著說：『但是，你仍然需要每週投入六十個小時，才有可能在這個領域做出重大貢獻。』」

有些人缺乏「激烈的練習」，因為天賦讓他們不需要很努力，就能達到一點成功。然而當工作變得更艱難、競爭變得更激烈時，他們可能就會跌倒，光是有天賦，並不足以應付這一切。

而那些**執著於使命者的另一個特點是，他們相信自己在做的事情會帶來更大的好處**。動物園工作人員就符合這個特點，因為他們認為保護動物是他們的責任。重點在於個人能為世界提供的價值，而不是世界能為個人職業方面提供什麼。

動物園工作人員並不是被「自我實現」這個詞彙中的狹義定義所驅動，他們是在回應一個更大的目標——「為野生動物的福祉做出貢獻」。從事這種類型的工作，會產生較高的動力，並在遇到挫折時，更願意堅持下去。

研究工作動力多年的著名權威，貝瑞・史瓦茲（Barry Schwartz）教授得出了結論——

大多數人都想要有意義的工作：「你不是非得治療癌症……你可以是一名銷售員，或收費員，但如果你把自己的目標看成解決人們的問題，那麼每天就有一百個機會改善別人的生活，你對生活的滿意度就會顯著提高。」

做一份有意義的工作，這種可能是大多數人的願望，而在那些執著於自己使命的人身上，這種想法通常更為顯著。

在追求職業的過程中，對於熱情和才華的相對重要性，也存在著不同的觀點。包括賈伯斯、馬斯克，和貝佐斯在內的一些人認為，最好的方法就是追隨自己的熱情，因為這種熱情能提供動力，讓你在任何職業中表現優異。他們的論點是，最好從跟隨熱情開始，看它會帶你走向哪裡。

然而，另一些人則堅持認為，更好的方法是從追求自然出現的東西開始，在一個人具有獨特天賦（擅長）的領域中工作久了，熱情就會隨之而來。這種觀點的另一種說法是，即使他們並沒有獨一無二的天賦，人們只要專注於做好當前的職業就好——隨著時間推移，熱情就會隨著專業技能增長。

還有一些人覺得，人們應該從事對他人有益的職業。他們的建議是，從找到一個比自己更大的目標開始，比如努力保護環境。那些相信使命源於做好事的人認為，它會產生一種更深層的動機，比起那些追求自我中心目標的人，這種深層動機反過來能讓人獲得更多的成就，也會更滿足。

找到自己的使命通常是一個混亂的過程，根據個人和他所屬的社會環境，以及熱情、才華、目標這三個條件的組合方式，多少會有比重的不同。這三個因素也必然會有所重疊，而對於某些人來說，適合的方法可能不太一樣，也就會產生多個同樣可行的路徑。

每個人都需要在他人（如人生導師和家庭成員）提供的意見和支持下，決定自己的道路。以下的思考方式，可以幫助那些正在尋找自己使命的人：

・想像一下，你的日常活動，無論是在工作中還是其他方面，都將永無止境的重複，不會有任何新鮮事。不只是重新體驗你喜歡的東西，那些令人沮喪甚至痛苦的經歷，也會一再出現。

當被問及他們是否願意接受這樣的循環時，**那些對使命執著的人都會抱持著正面的答案，而其他人可能會把這種重複看作是人間地獄，一個他們無法逃脫的監獄。**

德國哲學家尼采（Friedrich Nietzsche）更廣泛的探索了構成美好生活的原因，並稱之為「永恆的重現」。如果你願意不斷重新體驗現在的工作生活（無論好與壞的部分），那麼你很有可能已經找到屬於自己的志業了。

・在尋找使命的人還可以想想，他們是否體驗過，在做某件事時產生了失去時間的感覺。在這種情況下，一個人會完全沉浸於活動之中，並失去了對外界的感知。會導致這種高度投入的狀態，原因在於活動的過程本身，而不是它可能帶來的潛在結果。這件事情以符合個人能力的方式挑戰著這個人，因此，它對個人來說，可能極為刺激和愉快。

美國心理學家米哈里・契克森米哈伊（Mihaly Csikszentmihalyi），在這方面的研究相當著名，他將其描述為一種「心流」狀態。他的研究顯示，人們在從事心流活動時是最快樂的。一個人應該從事什麼職業，心流也可以是一種指標。一項能讓人全心全意沉溺其中的任務，就是對這個人有意義的事情，而且在某些情況下，也是一個非常值得當作潛在職業去追求的目標。

・另一種發現天職的方法，是想像自己已經八十歲了，正在回憶自己過得很幸福的生活。貝佐斯就採用了這種方法，他在職業生涯的不同階段問自己，當他回顧自己的決定時是否會感到後悔？這使他清楚明白，他必須辭去紐約的高薪工作，去追求他在網路商業化中看到的機會。貝佐斯稱他的思維方式為「遺憾最小化」。

這種方法的另一個版本，則是思考一下當你回顧自己的生活時，什麼樣的成就會讓你感到自豪？然而，這種自豪感不可能是四、五項成就的綜合結果，必須只能是一件事，將你的貢獻用一句話來概括。你找到的美好事情並不需要與工作有關，對許多人來說，可能會是關於家庭、朋友，或社會。

・關於尋找自己的使命，賈伯斯提出了一種稍微不同的方法。他說他每天早上都會看著鏡子問自己：「假設今天是我生命中的最後一天，我還會想做我今天要做的事情嗎？」

如果連續幾天得到的答案都是否定的，他就知道自己必須找到一些更接近自身使命的東西。如同前面提過的，賈伯斯認為，想要一個人心甘情願把時間和精力投入工作，並在面對挫折時堅持不懈，熱情是必不可少的。他的觀點是，如果不具備有意義的工作，就不可能過著有意義的生活，而找到自己的使命，就是過上有意義生活的唯一途徑。

對全力以赴的人來說，逆境只是必要因素

美國作家蘇珊・歐林（Susan Orlean）在她的著作《蘭花賊》（*The Orchid Thief*）中，透過描述那些收集蘭花的人，來研究對蘭花狂熱的心理學。她提出的觀點是：著迷於其中的人，認為自己做的事情能讓生活更加專注，他們早上醒來，就知道自己是誰、想做什麼，以及哪些活動能讓他們更接近目標。他們會把能量投入到賦予他們生活結構和意義的事情上。她寫道：

我開始相信，熱切的在意某件事之所以重要，是因為它將世界縮減到一個更容易管理的規模。它讓世界看起來不是巨大和空虛，而是充滿了可能性。

她進一步指出，**對某事著迷的人會將逆境視為他們追求成功的必要因素**，並為自己有能力忍受和克服障礙而感到自豪，甚至覺得快樂。他們透過忍受痛苦，彰顯出他們對執著事物的承諾。

歐林總結道，**著迷的人願意付出代價，去超越單調的日常生活**：「大多數人都以某種方式努力追求與眾不同的東西，就算要冒著危險，也寧願追求某些目標，而不是過著平凡的生活。」

美國管理諮詢公司光輝國際（Korn Ferry）進行的一項研究，發現許多的人，或許不到執著的程度，但也希望能接受挑戰。研究人員對職場人士離職的原因進行調查，發現了各式各樣的原因，而其中最常見的是「無聊」。

超過三三％的受訪者表示，他們想做一些更有挑戰性的事情。他們冒著轉職的風險，希望從事更能發揮自己技能、讓自己成長為專業人士的工作。這比其他的激勵因素更重要，包括賺更多錢的欲望。對他們來說，無聊比低薪更糟糕。執著的人在追求一個挑戰極大的目標時，就是將這種共同的渴望發揮到極致。

著迷的第二個好處是，它可以達到很少人能夠體驗到的精通程度。全神貫注能使那些有天賦的人，在他們選擇追求的領域中，比別人走得更深更遠。看看貝佐斯、馬斯克、卡蘭尼克和賈伯斯所建立的公司，它們改變整個產業的經歷，是多麼讓人驚豔。在過程中，這些人克服了各種障礙，包括他們的批評者，在最終取得了非凡的成就。

一開始矽谷的投資者也認為，Airbnb 的執行長布萊恩・切斯基缺乏建立和管理一家高成長公司所需的技能，因為他在大學學的是設計，沒有商業或科技背景，所以別人叫他先去為有商業或科技背景的人工作再說。

在亞馬遜創立的前十年裡，貝佐斯一直面臨著批評，原因是他創建了一家利潤微薄，甚至沒有利潤的企業。新聞界和金融界許多知名人士都表示，他的生意難以持續下去。而幾乎每天，馬斯克都會受到指責，因為他在試圖將電動車帶入主流的同時，卻未能兌現自己在特斯拉的銷售和生產承諾。許多人也告訴卡蘭尼克，他永遠無法戰勝城市裡龐大的計程車聯盟。

撇開他們的名聲和財富不談，這些領導者都經歷著大多數人無法想像的事情。美國作家大衛・福斯特・華萊士對狂熱執著的代價和好處很感興趣，於是他花時間與一位頂級職業網球運動員麥克・喬伊斯（Michael Joyce）相處，華萊士想知道，為什麼有人會把自己的一生奉獻給一項獨特的追求：

> 喬伊斯的注意力和自我意識被澈底壓縮，這也使他成為一名傑出的運動員，很少有人能做到這件事……他就是想要這一切，並願意付出所有代價來達成目的。而其他的問題，在很久以前就已經變得無關緊要了。

著迷還提供了一個機會，讓你有機會成為特定群體當中的一員，這些人有著相似的興趣、目標，和生活方式（也就是擁有相同使命的人）。共同從事一項職業，特別是涉及到大膽、創新的事業時，可以建立起強而有力的連結。

在許多公司裡，員工彼此相處的時間，比和家人在一起的時間還多，而最理想的情況下，他們對自己的工作和公司有同樣的熱情，讓這項工作成為了歷史和自我認同的一部分。

想想馬斯克的 SpaceX 團隊，那些發射了第一枚可重複使用的火箭，還有第一艘停靠在國際太空站的私人太空船，這些同事之間的情誼吧。觀看獵鷹火箭成功發射後，SpaceX 團隊在控制室外慶祝的影片，可以清楚的看到，這是所有在場人士永遠不會忘記的共同經歷。

或者，想想賈伯斯在股東大會上，向滿滿一整個會場的人展示新開發的 Mac 電腦時的情境，他們站起來為賈伯斯和他的團隊鼓掌了五分鐘，賈伯斯回憶當時他看著坐在前排的 Mac 團隊，每個人都在哭。克服逆境並取得非凡成就的人，他們之間的情感連結具有深遠的意義，就像家庭關係一樣強大。

著迷最後一個實際的好處是，它可以促進一個人的職業發展。將你的一生奉獻給某個職業，管理學之父彼得・杜拉克（Peter Drucker）稱之為「有使命感的偏執狂」——可以增加成功的可能性。

貝佐斯努力僱用所謂的「傳教士」，完全投入在為顧客提供優質的產品和服務，他說這些人與主要為錢而工作的「傭兵」是完全的對比。也就是說，在一切平等的情況下，公司會認可並獎勵全心投入者的成就。

著迷不可能單純只為了得到職業晉升或經濟收入而表現出來，但當這種特質出現時，它仍然會有潛在的好處，至少在管理得當時是這樣。

不是每個人都能對工作狂熱著迷

著迷的好處表明了它對個人和組織的潛在價值。美國雜誌《大西洋》（*The Atlantic*）專欄作家德瑞克・湯普森（Derek Thompson）指出，隨著時間演進，我們看待工作的方式已經「從工作，到職業，再到召喚——從必要性，到地位，再到意義」。

對某些人來說，工作可以與宗教抗衡，甚至取代宗教，成為實現個人價值和改善社會的途徑。在當今日益世俗化的世界裡，在一些人角度看來，新的宗教就是職業，值得他們付出極端的奉獻和犧牲。

中國電商公司阿里巴巴的創始人馬雲，前一陣子上了頭條新聞，因為他支持用一種全力以赴的方式工作，就像僧侶和牧師一樣虔誠奉獻。當中，他特別讚揚中國的「九九六」制度。這三個數字代表從早上九點到晚上九點，每星期工作六天。

馬雲指出，在把阿里巴巴打造成世界上最大的電商公司之一的過程中，他和同事都是九九六。他說：「我認為能夠工作九九六是很大的福氣，許多公司和員工都沒有機會工作九九六。」

然而，也有一些人反對工作是唯一重要的事，他們認為這只是一種方式，用來支持其他更有意義的生活領域，像是家庭和社群。對他們來說，工作本身不是目的，而是達到目的的手段。

在某些情況下，工作可能令人愉快，但它不應該取代生活的其他部分。他們更進一步指出，把工作當作生活的中心是「殘酷和剝削的」，會導致一種，如果想過著充實的生活，就必須長時間努力工作的社會氛圍。

那些批評的人認為，這是資本家的不良企圖，是那些靠員工努力工作而獲利的人，想讓人們對這種剝削行為買帳，這種人包括億萬富翁馬斯克。經濟記者萊恩・埃文特（Ryan

Avent）甚至將這種對工作的執著稱為「職業斯德哥爾摩症候群」——俘虜們認同並支持俘虜他們的人，還把這當成一種生存的方式。

反對以工作唯一切中心的人，並不認同馬雲所說，每週工作七十二小時是一種福氣。作家德瑞克・湯普森寫道：

「工作主義者」（workism）是什麼？它是一種信念，它相信工作不只是為了產生經濟，還是一個人身分和生活目標的核心，並且認為任何促進人類福祉的政策，都必須鼓勵人們持續工作。

湯普森也認為：「推崇追求極端成功的文化，可能會產生一些極端的成功。但我們的工作從來不應該只是肩負信仰的重擔，並且屈服於它們沉重的壓力之下。」

我們不能假設使命是所有人都想要，或都應該想要的。每個人都希望自己的工作很重要嗎？他們願意每週奉獻七十個小時以上的時間給工作嗎？他們會希望因為工作的需要，而犧牲與配偶和孩子在一起的時間嗎？他們會想要放棄自己的興趣和與朋友的社交活動嗎？對一些人來說，這些問題的答案是否定的，把工作置於一切之上的代價太大了。

第二個考慮因素，沒有那麼明顯但同樣很重要，就是**並非每個人都能對工作執著狂熱**。

那些非常成功的人，無論在畢業典禮演講或書籍當中都會說，每個人都有對工作的熱情，你只要持續尋找並堅持下去。而這個建議的另一種典型形式就是「永遠不要放棄追求你的夢想」。

然而，正如每個人的認知、身體和情緒能力，會有很大的差異，我們也可以假設，每個人想投入在工作上的程度也會不同。這跟缺乏天職所需的才能，所以無法成功不一樣，只是缺乏了全力以赴所需的性格特質。

換句話說，人們在乎工作的程度各不相同，就算他們想要這麼做，也未必能做到。他們可能會因為長時間追求單一目標而感到無聊，可能是缺乏深入研究複雜技術的好奇心，又或是可能沒有必要的韌性來克服挑戰。

毫無疑問，世上有許多非常有能力和奉獻精神的人，這些人也懷抱著好的信念在工作，但他們的性格就是不會執著於工作。

職業執著的能力差異，適用於公司裡各個級別的人，儘管我們可能會預設，成為領導者的人就會全身心投入工作，但有些領導者並不會像貝佐斯和馬斯克那麼執著。他們也很投入、專業，甚至有毅力，但是這與全心全意投入、執著不懈的工作是不一樣的。

我們當然希望每個人都有自己的使命，不管是與生俱來或者後天培養。儘管如此，認知到每個人在職業方面全力以赴的意願和能力各不相同，對個人和僱用他們的組織，都是很有幫助的。這也能幫助我們了解自己想從工作中得到什麼，以及我們是否有能力被工作消耗。然後我們就可以仔細考慮自己要從事的工作類型、想要工作的公司，以及願意做出的犧牲有多少。

問問自己，想從工作中獲得什麼？

第一個決定，是弄清楚工作在自己生活中的角色（除了賺足夠的錢來養活自己，在很多情況下，可能還要養活家人）。當然，職業選擇會受到一個人的教育背景、經濟狀況，和工作機會的限制，並不是每個人都有追求使命召喚的奢侈機會。

然而，當人們可以追求一種使命時，「你想要犧牲多少？」這個問題最為關鍵。為了讓工作成為自己生活和身分的中心，我們願意付出什麼代價？若想追求需要大量投入的職業，就不可避免的要面對個人犧牲，以及努力取得非凡成就的巨大壓力。

執著於職業而必須做出的犧牲，範圍從輕微到重大不等。在亞馬遜或特斯拉工作，就別想要朝九晚五了（至少對於管理階層來說），貝佐斯甚至有些自豪的承認，在亞馬遜工作並不容易。

新成立的公司和新產品的開發，就勢必更需要長期艱苦的工作。回想起創建微軟的最初階段，比爾・蓋茲說：「我從二十幾歲起就不聽音樂、不看電視了。這或許聽起來很極端，但我這麼做是因為，我認為，這些東西只會讓我無法專注於思考軟體該怎麼做。」

比爾・蓋茲的犧牲，雖然對大多數人來說很困難，但與某些人為工作而放棄的相比，已經算很輕微的了。蘋果麥金塔電腦（Macintosh）開發團隊的一位工程師，也描述了犧牲生活的好處與代價：

我想如果你和 Mac 團隊的人交談，當中很多人會告訴你，這是他們這輩子最艱難的工作。而我也相信，有些人會說這是他們一生中最快樂的時光，但我想所有人都一定會認為，這絕對是他們一生中最緊繃、也最珍貴的經驗……而這樣的事情對某些人來說，不可能持續太久。我的整個人生都因此改變了，在這個過程中，我失去了太太、失去了孩子。來 Mac 團隊工作，真的澈底改變了我的人生。

追隨使命召喚就必須擁抱犧牲，在具有深刻意義的工作所產生的正面光輝中，會讓很多人忘記了這個現實。職業高爾夫球選手羅相昱（Kevin Na），被列為美國最佳青年選手之一。比羅相昱年輕幾歲的球員都很敬佩他，並想知道自己需要做些什麼，才能達到他的水準。羅相昱告訴他們，必須活得像個和尚一樣，刻意將生活的範圍局限在高爾夫球上。羅相昱記得曾對那些向他請教成功之路的青少年說：「你願意為了變得傑出而犧牲多少？你必須減少你的休閒時間，這代表你不能出去約會，不能在週末和朋友出去，因為你需要那些時間來練習，才有可能達到卓越。」

要為職業犧牲多少的決定，並不是只做一次而已，隨著生活的發展，每個階段都會面臨不一樣的取捨。

年輕時決心將時間投入在工作上，但到了四、五十歲，很可能就不會想繼續這麼做了；在我們結了婚、有了孩子，或開始要對年邁的父母負責之後，還想一心一意只專注於工作，或許就更不可能了。

即使沒有這些要求，一個人在二、三十歲時的拚命程度，隨著時間的流逝，也很難永遠保持不變。美國肖像攝影師安妮・萊柏維茲（Annie Leibovitz）也提到了這一點，她說自己有時會嫉妒年輕時的自己，因為年輕時創作的作品是如此純粹和充滿活力：

> 我完全沉迷於其中，所有的一切都跟攝影有關。我隨時都帶著相機，和我的相機一起生活。而在某種程度上，對我來說長大就意味著我必須放棄這一切，開始去過正常的生活。

若要誠實說出我們想從工作中得到什麼，有一部分的挑戰在於處理好別人的期望。那些不希望被工作占據人生的人，在重視和期待加班的行業和公司裡，說出這種話可能會很不自在。

組織行為學教授詹皮耶羅・派翠葛利耶里（Gianpiero Petriglieri）指出，目前的公司，普遍對員工的期望越來越高，有些公司甚至希望員工把工作看得比一切還重要：「在當今大多數的公司文化裡，最大的禁忌是說：『我做這件事只是為了錢，我認為教會、慈善工作、運動，還有家庭，對我來說有更大的意義。』我們逐漸將一個人把工作當成生活中心的意願，與他的才能相提並論了。」

如果身處在特斯拉或亞馬遜這樣的公司，你對同事或主管說出：「我希望每天下午五點準時下班，而且週末不工作。」可能會讓場面很尷尬。

而另一方面，真的有人把工作看得比一切都重要，他們在工作時感覺最自在、最有活力。但誠實的承認工作就是自己生活的重心，可能也會讓人不太自在。想像一下，某個人告訴他的另一半或孩子，對他來說工作第一，勝過一切家庭的規畫和活動。我想，就連向同事坦白這一點，都已經算很困難了。有些人認為這種執著的人，是因為只沉迷於自己的工作裡，所以看不出人生中真正重要的東西是什麼。

我們可以假設，大多數人都想避免這兩個極端，希望能有充實的工作，同時也有豐富的個人生活。不過貝佐斯認為，「工作／生活平衡」是一個誤導人的觀念，因為它有一種必須在工作和生活間權衡取捨的意思。

他比較喜歡「工作──生活和諧」這個詞，認為一個領域進行得順利，也能支持另一個領域的成功。幸福的家庭生活支援良好的工作生活，而良好的工作生活也能幫助幸福的家庭生活：

> 它實際上是一個圓，而不是一個蹺蹺板。如果我在家裡感到快樂，我就會精力充沛的走進辦公室。如果我在工作時感到快樂，我就會精力充沛的回到家。我想大概所有人都有那種同事，他們一走進會議室，就好像要把整個房間的能量都抽乾似的，你絕對不想成為那樣的人……當你走進辦公室時，應該要活力萬千到讓每個人都跟著雀躍起來。

對於那些在工作和個人生活之間，不可避免的出現衝突，而面臨艱難選擇的人來說，貝佐斯的觀念比較像是理想，而不是現實。當一個領域優先於另一個領域時，必然會出現權衡取捨和失望。

說和諧是目標，並不會讓實現它變得比較容易或不那麼痛苦。告訴你的孩子，你因為工作的原因不能參加他的足球比賽，或者告訴你的同事，你因為家庭的原因不能參加一個重要會議，兩樣都很困難。我只能假設，當貝佐斯談到和諧時，一些在亞馬遜工作的人應該會覺得很好笑，因為這家公司緊張而苛刻的工作環境，就是他製造出來的。

然而平衡生活和工作的第一步，就是確定我們希望工作在生活中扮演什麼角色。接下來，就是做出與我們期望投入程度一致的選擇，並且接受結果。

歐洲中央銀行行長克莉絲蒂娜・拉加德（Christine Lagarde）曾談到，由於職業的需要，她必須做出犧牲，因此與家人相處的時間減少了：

> 我必須接受我不能在每一件事上都很成功，你為自己制定了優先順序，而愧疚感也會隨之而來……但那種感覺會因為時間而漸漸退去。隨著年齡增長，它會減少，因為孩子長大了，孫子來了，你會對自己所做的事情感到滿意。

關於工作，無論我們做出什麼決定，都是要付出代價的。認為工作主要是達到經濟目的的手段，是平衡生活中其他更重要部分的一種方法，但這樣的人在職業方面的成功可能就比較少。簡單來說，工作對他們而言，並不像家庭、社群、宗教，或個人生活那樣重要，因此他們有節制的投入工作的時間和體力。

當卡蘭尼克被問及優步的高壓步調，以及對工作與生活平衡的影響時，他說：「聽著，如果有人投入得更多，他們就會成長得更快。事實就是這樣，這是無可避免的。」對於那些執著於工作的人來說，他們也得付出代價，通常是在健康和人際關係方面。

許多人也在追求事業的過程中犧牲了很多卻沒有成功，在往後的人生裡，他們最終會質疑自己，將工作置於一切之上的選擇是否正確。而對於那些處於中間的人，他們也必須在努力同時滿足工作和個人需求的過程中，持續控制著不斷上演的權衡取捨和緊張關係。

環境很重要，缺乏動力的人會拉你一起退步

確定了職業在人生中的角色後，目標就是找到一家支持這個決定的公司。選擇在哪裡工作事關重大，以那些決定追求使命召喚的人為例，在最好的情況下，公司及其成員所重視的東西必須一致，每個人也都會從他們共同的執著中受益。每間公司對員工全力以赴的期望程度各不相同。在某間公司被認為不合適的執著行為，在另一間公司可能會受到極度重視。

試想一下，有一位工程師，他先前的公司希望他總是在幾個小時內（包括週末）回覆同事、尤其是上司的電子郵件。後來他到另一間公司工作，公司卻指責他在深夜和週末還

發電子郵件給同事，新的公司不希望員工一天到晚、連週末也在工作，他違反了公司為促進工作與生活平衡而制定的準則。

根據每個人對工作看法的不同，這可能是一種正面的規範，也可能是一種非常令人受挫的規定。由於這些組織上的差異，某些公司的文化和工作態度，可能比較適合那些執著於工作的人。

同樣的理由，若執著者周圍都是志同道合的人，有著相似的特質和能力，這對他們來說是極大的激勵。對於那些全身心投入工作的人來說，與不那麼犧牲奉獻的人一起工作，可能會讓他們失去動力。

美國空軍學院（United States Air Force Academy）的一項研究〈不良的體能會傳染嗎？〉（*Is Poor Fitness Contagious? Evidence from Randomly Assigned Friends*）指出，積極性高的同事，在與不那麼投入的同事一起工作時，很可能會感覺相當受挫。研究人員記錄了近三千五百名學員，在軍校四年學習期間的身體狀況，他們想了解為什麼有些人的體能狀況進步得比其他人多。

他們發現每個中隊的體能水準差異很大，而一個中隊由大約三十名一起生活和工作的學員組成。一個軍校學生在體能方面的進步程度，與他在入學時的健康狀況有相關，這並不奇怪，身體一開始就比較健康的人，本來就可能進步更多。

然而，還有一個也很重要的發現，是關於每個中隊的健康水準，特別是每個中隊中體能最差的學員。大多數人會認為，決定團隊的整體健康方面，最重要的因素應該是團隊中體能最好的人，或是最有領導能力的人（藉由激勵其他人取得更高水準的表現）。

令人驚訝的是，研究結果顯示，**紀律較差的學員最能影響整個團隊的表現。體能最差者造成的影響，在那些體能屬於中間值的人身上最明顯——體能表現沒那麼好的人，會跟隨體能最差的人一起退步**。

如果我們從體能狀況到其他與工作相關的情況進行推斷，會發現那些全力以赴的人對同伴的影響，可能比那些缺乏動力的人要小。換句話說，群體行為具有一種傳染性元素，且那未必是我們所期望的。從這項研究中得出的一個重點是——慎選你的同伴。

對於已經達成成就的人來說，環境的選擇也很重要。如前所述，全心全意投入工作會帶來更高的表現水準，既然如此，讓我們來看看一個研究小組的研究結果，他們對臺灣一百二十家髮廊中，共計四百一十四名髮型設計師進行了研究。

根據他們研究得出的結論是，高表現者既受到同事的支持，也會受到同事的詆毀；高表現的員工會得到某些同儕的支持，這些人相信藉由與他們合作、提高團隊的表現，能幫助他們發展自身能力。透過高表現者的貢獻為團隊獲得更多資源，自己也能夠獲益。研究人員認為，這個現象能使表現優異的人為團隊中其他人提供更多的「資源獲取途徑」。

然而，團隊成員也會削弱高表現者。這是因為表現優異的人會讓那些表現較差的人顯得能力不足、對工作不夠投入。與不那麼成功的同事相比，他們會吸引更多的關注、獲得更好的職業機會，或是得到更多資源，因此也會引發同事的嫉妒。

而最後的結果是，表現較差的團隊成員會自我質疑，無法跟上比較有天分、有動力者的步伐。高表現的人也會被那些能力相當的人削弱，這些人把他們視為對自我價值感和職業發展的競爭威脅。

這種對團隊優秀員工的詆毀，可能相當明顯，也可能很微妙。在某些情況下，高表現的員工會被貼上負面標籤（他做事沒什麼策略）；有關於他們的謠言（他搶了別人的功勞）；當事情出錯時，成了被怪罪的對象（他不給我們執行計畫所需的資源）；或是被社交孤立（我們不要邀請他參加我們的聚會）。

研究人員推測，一下子被支持、一下子被詆毀，會混淆高表現者，讓他們更加焦慮（甚至比只被詆毀更嚴重）。因此，執著於工作的人在選擇符合需求的工作環境時，必須深思熟慮，而且要特別注意未來同事的才能和投入程度。

在選擇工作地點時，最後要考慮的是組織對你的利用程度。本書介紹的公司，如亞馬遜、特斯拉，和優步，都是把員工逼得非常緊的公司。它們能夠這樣做，有一部分是因為成員自己也認同對公司目標和工作本身的奉獻精神。

在某些情況下，執著者會心甘情願的接受過多的要求，因為他們在做自己認為最重要的事情。他們被利用，是因為他們想被使用。不過缺點是，他們也可能會在意過頭，並接受過於極端的工作要求。

馬斯克和貝佐斯都曾表示，他們公司的文化並非適合所有人。個人必須現實的評估他們將面臨的工作挑戰，更重要的是，他們選擇加入的公司文化是否符合他的需求。

壓力＋休息，才能有最高生產力

成功的其中一個關鍵是，必須意識到，執著何時已經開始產生反作用，甚至是有害了。這是一個持續性的挑戰，執著的人並不會自然產生自我意識或自我調節，因此他們總是處於自我毀滅行為的危險之中。

知名新聞網站 Reddit 創始人亞歷克西斯・瓦尼安（Alexis Ohanian）認為，這種情況在科技等產業中更有可能發生，因為在這些行業中，人們傾向於推崇過度的工作行為。

為了這麼做，他們會利用社群媒體來記錄自己的長時間工作，以及晝夜不停的奉獻。瓦尼安用「忙碌成癮」這個詞來形容對時時刻刻都在工作的興奮，他認為：「這是目前科技業最有害、最危險的事情之一。這種觀點認為，如果沒有每天、每時、每刻都在受苦、磨練、工作，那麼你就是不夠努力。」

一些和瓦尼安抱持同樣觀點的人認為，建立健康的身體和抒發情緒是非常重要的，這可以減少執著變成重大風險的可能性。知名長跑教練史蒂夫・麥格尼斯（Steve Magness）認為，長時間保持高水準的關鍵，是極度集中精神、拚命在目標領域取得優異成績，然後花時間休息和恢復。

他將其描述為「壓力＋休息＝成長」，他認為在追求具有挑戰性的目標時，壓力可能是有益的，但也可能有害，完全取決於個人如何應對。重點是要拚命追求卓越，但是不要超出心理和身體能夠承受的地步。

麥格尼斯認為，走出自己的舒適圈可以促進學習，進而提高表現。然而同樣重要的是，花一些時間脫離這個挑戰性的活動，並且適應它給個人帶來的壓力。在產生適當壓力的同時，也需要得到休息，這兩者對於高水準的表現都是必不可少的。

學術研究也支持定期脫離執著目標的好處。心理學羅伯特・瓦勒蘭（Robert Vallerand）教授對熱情進行了大量的研究。他認為熱情有兩種形式：和諧的和執著的。

和諧的熱情是，人們在做自己喜歡的事情，但不會讓它壓過他們生活的其他部分。他們可以決定什麼時候要做這件事，什麼時候想要關注其他的活動。

相對的，那些有執著熱情的人，不能控制他們的熱情。也就是說，就算這件事已經與生活的其他領域發生衝突，甚至危害時，他們也不能停止這件讓他們有熱情的事。即使在做其他事情時，他們也會不停的想著工作。

瓦勒蘭展開了一項調查，以找出後者的特徵，他發現這些人比較常用以下陳述來描述自己的感受：

- 我很難控制自己工作的欲望。
- 我的工作是唯一能讓我真正興奮的事情。
- 如果可以，我就只想工作。
- 我覺得是工作在控制我。

瓦勒蘭的結論是，執著的熱情，會使一個人無法從他的工作中脫離，而這對他的身體、心理，和社交幸福方面都是有害的。

讓我們看看貝佐斯所謂的「休息」是什麼樣子。貝佐斯曾說，他會確保自己每晚睡八個小時以上，且悠閒的開始一天的生活，他早上會先看報紙，並和家人相處。

貝佐斯自己安排工作行程的方式，通常會把最艱難的工作排在接近中午的時候，因為他覺得這時間的認知能力處在頂峰。他不會工作到很晚，而且還會找時間運動。他也會定期與家人和朋友到一些遙遠的地方度假。

他的做法與馬斯克形成了強烈的對比，馬斯克已經很多年沒有休假了，而且在大多數狀況下，每週都會工作超過一百個小時。馬斯克表示，他的行程安排主要是由於特斯拉正面臨著挑戰，但他也承認自己無法從工作中脫離出來。

雖然大多數人很尊敬馬斯克實現非凡成就的投入程度，但他們都認為貝佐斯的工作規畫，是比較有可能長期持續的，甚至會讓人更有產能。《赫芬頓郵報》（*Huffington Post*）創辦人之一、也是優步前董事會成員的阿瑞安娜・赫芬頓（Arianna Huffington）曾寫了一封公開信給馬斯克，並告訴他這種做法將會導致失敗：

> 每週工作一百二十個小時，並不能充分利用你的獨特個人特質，反而是在浪費它們。人就是沒有這樣的體力，這不是我們的身體和大腦工作的方式。如果我們無視物理定律，就無法到達火星，這點沒有人比你更清楚。如果我們無視日常生活中的科學規律，也無法達成我們想要的目標。

每個人都需要找出最適合自己的規律，幫助自己從工作壓力中恢復過來。對某些人來說，這可能是每天工作不要超過特定的時間，在週末抽出空檔，完全遠離工作和同事，或是安排週期性的假期，來讓自己的身心靈放鬆和充電。

有些人用來避免職業倦怠的另一種方法，是清除那些會消耗時間和體力的干擾。心理學研究顯示，人的認知頻寬是有限的，每一個決定都會消耗一些可用的空間。即使是最聰明的人，如果在一整天中做出太多的決定，也會疲憊不堪。

了解到這樣的局限性後，有些人會減少那些浪費時間的活動，避免減耗他們的決策能力。他們可能會願意每天都吃一樣的東西，或簡化自己的服裝，這樣就不必花太多心思去做決定。他們甚至可能有一套自己的「制服」，根本不必再做選擇。

除了這些相對較小的變化之外，還有某些領域中的重大調整，比如他們會選擇社交的對象和深度，以及參與外部活動或興趣的程度。這樣做的目的是消除讓人分心的事情，消除那些會占據你工作時間和體力的決定。

第三種有幫助的做法是，在分配自己的時間時，定期尋求意見回饋，無論是專業建議還是身邊的親友。想獲得有用的回饋，就需要定期向他人徵求意見，還需要與一些可信賴的建議和支持來源建立關係，像是家庭成員、團隊同事，或外部顧問。

這些人是親密的夥伴，能傾聽你的擔憂，並提供有用的、有時甚至是嚴厲的回饋。每個人都有盲點，而執著的人比大多數人更脆弱。賈伯斯認為，一個傑出的團隊應該是每個成員都能相互平衡他人的弱點，並以一種能夠控制他們負面特質的方式合作。

如果這些人與外部人士夠熟悉，而對方能提供有用的建議，那麼也可以從外部獲得意見回饋。提供意見的人必須很了解執著者的長處和短處，以及他所面臨的工作挑戰。當執著者過度沉迷，對個人和追求的目標產生潛在傷害時，這些提供意見回饋的人就會非常有用，他們可以幫助執著者後退一步，思考一下自己的行為，並根據需要做出改變，以避免陷入過度執著的陷阱。

然而這些方法的困難之處在於，執著者可能會非常自信，甚至到了傲慢的地步，尤其是在他們很成功的時候。因此，他們可能不希望聽到什麼建議，如果有人這麼做，他們可能也會選擇忽視。

正如之前提到的，報導指出幾名優步董事會成員和投資者，曾試圖影響卡蘭尼克，但效果不彰，至少從他任職期間犯下的無數錯誤來看是如此。領導者必須有自知之明，在自己和公司面臨的重要問題上，願意徵求並傾聽相反的聲音。

對於那些努力實現非凡成就的人來說，他們可能早已習慣了別人對他們潑冷水，因此這類型的領導者都比較傾向信任自己的判斷、能力，來完成困難的事情，不去管別人怎麼想。但這種心態也可能代表，領導者不再能傾聽到有價值的建議。

長期下來的風險，可能會讓領導者變成一個思想理論家，信念一成不變，不肯接受新資訊和新觀點。當然，並不是所有建議都是正確的，但當領導者在做決策時，仍須將他人的意見納入考慮。而那些提供意見的人，也必須具備足夠的可信度和技能，在強硬的領導者面臨自我毀滅的風險時，適時的拉他們一把。

著迷，甘願賭上所有

- 使命是一種信仰，一種從事特定類型工作的召喚。
- 困難的地方在於確定工作在自己生活中的重要程度，如果可以的話，就遵循你的使命吧。
- 對於那些找到並熱愛他們職業的人，目標是選擇最適合自己的組織。一間公司的使命、文化，和實踐方式都很重要。而組織內的同事，是否和你一樣有才能，並且願意奉獻，也是關鍵之一。
- 著迷於工作是一件冒險的事。為了達到最高效率，必須在生理、心理和社交上安排幾項規律行程，避免因為全力以赴而陷入困境。

第7章

著迷是好事，但需要適度的管理

我母親年輕時曾住在倫敦，當時正值二次世界大戰德國空襲。多年後，她未曾談論過去的經歷，只說自己討厭擁擠的城市地鐵，因為那裡是防空洞，她寧願在地面上冒險。

當時德國的空襲行動出動了一波又一波的轟炸機到英國，部分在晚間時行動。目的是摧毀英國的工業和海上能力，並打擊民眾的士氣，創造得以入侵這個國家的條件。

閃電戰在八個月後結束，德國意識到他們沒辦法達到預期的結果，並將空軍轉向入侵俄羅斯。而三年之後，德國再次攻擊倫敦，使用的是一種全新型武器——V2火箭，世界上第一個長程導彈。

這個「復仇武器」是由火箭科學家華納・馮・布朗（Wernher von Braun）發明的。從還是個小男孩開始，他就熱愛太空探索。他相信自己未來能建造一枚火箭，讓人類能夠登上月球，最後到達火星。在馮・布朗念大學的時候，他過人的才華就已經得到教授和政府官員的認可，使得他在二十歲時，就被稱為德國火箭發展的頂級專家。他知道星際旅行的夢想需要大量的資金，而德國軍隊正是能提供資金的最佳單位。

軍方希望馮・布朗研發先進的武器，幫助德國取得優勢，而希特勒也很快就會發動戰爭。馮・布朗和軍方認為他們的安排對雙方都有利，雙方都可以利用對方來得到自己想要的東西。

一九四五年納粹德國垮臺後，馮・布朗和他的團隊向美國軍隊投降。德國的火箭專家被祕密轉移到美國，先是德州，最後到了阿拉巴馬州。美國政府不希望馮・布朗落入俄羅斯手中，他們相信馮・布朗和他的科學家與工程師團隊是當時全世界最先進的，他們將能加速彈道武器和太空能力的建設。

馮・布朗後來成了美國公民，先後在美國陸軍和太空總署擔任各種高階的領導職位。在美國努力發展世界領先的太空計畫當中，他也是其中的關鍵人物，提供了寶貴的技術和組織領導。他還出現在流行雜誌、電視節目和教育電影中，與華特・迪士尼等名人一起，爭取大眾和政府對太空探索的支持。

馮・布朗在開發「農神五號」火箭方面的貢獻，對於第一次把人送上月球至關重要，有些人認為，沒有他的領導，美國不可能做到這一點。加拿大歷史學家邁克爾・諾伊菲爾德（Michael Neufeld）認為，馮・布朗是他那個時代最有影響力的火箭工程師和太空提倡者，同時也是一個複雜又有爭議的人物。他在「推銷太空航行的理念並使之成為現實」中，扮演了最重要的角色。

為了實現前進太空的夢想，馮・布朗可以說是付出了所有。歷史紀錄顯示，他曾加入納粹黨，成為一名納粹親衛隊軍官。戰爭後，他說當時由於納粹高級軍事將領和政治人物對他施加了壓力，因此他別無選擇。他還表示，他對自己製造的火箭造成平民死亡表示遺憾，但強調戰爭雙方都有受害者，「戰爭就是戰爭，而當我的國家處於戰爭狀態時，我的責任是幫忙贏得這場戰爭」。

面對成功，我們願意付出什麼代價？

對於馮・布朗的歷史，最溫和的看法是，他只是一個愛國的德國人，在發展他的太空探索工作之際，做著支援國家所必須做的事情。

然而，當民眾發現有許多奴隸勞工（大多是俄羅斯和猶太集中營的囚犯）曾被迫在惡劣的條件下，組裝馮・布朗的火箭時，他卻將自己描繪成了一個「好德國人」。而在被追問到這起事件的時候，馮・布朗聲稱，對於強迫勞動，以及在組裝工廠工作的數千名工人死亡事件一無所知。因為當時自己是在一間研究中心工作，距離主要組裝工廠有數百英里遠，所以對那裡發生的事情沒有責任。

然而，一些歷史紀錄和目擊者表示，馮・布朗參訪過這些工廠至少十幾次，就算他不贊同，也絕對有親眼看到那裡的不人道條件，和對囚犯的殘忍對待。在晚年，他曾私下對使用囚犯勞工表示懊悔，但自己沒有參與虐待行為，也沒有權力制止這種行為。

政府、企業，和任何團隊，有時會非常積極的從有才能的執著者所提供的東西中獲取利益。美國政府認為馮・布朗是德國最傑出的科學家之一，他們希望在與俄羅斯的軍備競賽中，他能站在美國這邊。另一些人認為馮・布朗應該因戰爭罪受到審判，就像其他德國高階官員一樣，比如亞伯特・史佩爾（Albert Speer，按：納粹德國時期的裝備部長以及帝國經濟領導人）。

然而，在一九四五年，美國政府並沒有起訴馮・布朗，因為那些高階政治和軍事官員看重的，是在冷戰緊張局勢日益顯現的時代中，他能為發展新武器帶來什麼貢獻。他們想從他在V2上的開創性技術工作中獲益，也想利用他被人稱讚的「不可思議的組織能力」。

馮・布朗到了美國之後，在戰爭中的行為就被政府淡化或忽視，取而代之的是一場場公關運動，使他成為太空時代開始之際，許多美國人心目中的英雄。他是極少數與希特勒合照過，幾十年後又與甘迺迪總統合影的人——這或許能看出馮・布朗在歷史上的複雜地位。我們之所以提到馮・布朗，是因為他的人生體現了執著的矛盾本質。他的人生是一個「善與惡混在一起」的故事。

他唯一的目標和不屈不撓的動力，使他取得卓越的成就。一九四二年第一枚到達外太空邊緣的火箭、一九五八年發射的第一顆美國衛星，還有一九六九年將太空人送上月球的火箭，幕後推手都是馮・布朗。

他的執著也導致他能容忍（或許也支持）納粹時代的恐怖行徑。有人說，馮・布朗不關心政治，只在乎如何實現他的太空探索夢想。馮・布朗的善惡仍被人們所爭論，他的支持者認為他是一個技術夢想家，被無法控制的歷史力量所困。而批評者則認為他是一個不道德的機會主義者，狂熱的為殘暴的納粹政權工作，至少，他曾對虐待和痛苦冷眼旁觀。

馮・布朗去世時，有人將他描述為「一個擁有如此遠見卓識和求知欲望的人，因此任何他選就的行為都是合理的」。馮・布朗全心全意沉迷於發展太空探索，只因為他相信這將造福人類。

以馮・布朗為例來說明執著者的潛力，並不是說公司辦公室裡發生的事情，完全等於納粹政權的暴行。然而，馮・布朗極端的生活確實說明了，執著可以是一種亦善亦惡的力量，以及個人和組織（企業）必須如何謹慎的管理它。在研究執著的影響時，有兩個問題特別重要：

・對於個人：為了追求我的執著，我願意做到什麼地步？在實現目標的過程中，我的底線在哪裡？

・對於組織：在支持一位對我們的成功有貢獻的執著者時，我們願意讓步到什麼程度？我們容忍的底線在哪裡？

很明顯，大部分的組織都想要擁有這種執著的人，因為執著者會為了實現一些特殊的目標而全心的投入，並將使組織受益。有哪間公司會不想僱用和留住，願意為實現一個野心勃勃的目標而付出一切的人呢？然而，重點在於如何管理他們。

以馬斯克的行為為例，他和特斯拉被美國證券交易委員會以詐欺罪起訴。最初是因為馬斯克在推特上表示，他已經為公司可能的私有化「獲得了資金」。

當時特斯拉的股價也因他的推特文章上漲，讓美國證券交易委員會注意到了這件事。這場法律行動最終達成了一項和解協議，其中包括對馬斯克和特斯拉分別處以巨額罰款（兩千萬美元），且馬斯克辭去特斯拉董事長職位，並同意在未來要發布任何消息（至少是可能會影響公司股價的消息）之前，必須先進行內部審查。

馬斯克曾為自己在推特上的貼文辯護，並且嚴厲批評了美國證券交易委員會的作為，但他後來也承認，由於工作時間過長，以及解決特斯拉生產問題的壓力過大，讓他很容易犯下錯誤。

而另一派人的解讀是，馬斯克的言論源自他對賣空者的憎恨，他認為賣空者正在破壞他和他熱愛的公司。一些人猜測，他的貼文是為了拉抬特斯拉的股價，並懲罰賣空的人。

執著的領導者對於產品和公司的愛，達到了大多數人無法理解的程度，有點類似於父母對孩子的愛。馬斯克對特斯拉的全面承諾，促使他努力保護公司不受批評者的攻擊。但他不知道的是，這麼做可能會帶來更大的傷害。

雖然企業及股東都希望業績能持續成長，但能否有效控制公司及其增長速度，也是重點。然而，在執著的領導者追求極致的過程中，只運用理性和邏輯來判定的旁人，可能會非常難以理解。這也難怪一些公司及股東會認為，執著的領導者需要的關注、金錢，和風險，遠遠超過了他們的價值。

賈伯斯在一九九四年離開蘋果，因為當時公司董事會不支持他和他的計畫。他們還認為，賈伯斯是在製造無益的衝突，且偏袒自己的計畫，而不是董事會認為對公司最有利的專案；卡蘭尼克被迫辭去優步執行長一職，也是因為股東們認為他的決定和行為，使人們無法再相信他的領導，也傷害了優步的品牌。

最好的公司知道他們需要吸引、管理，和支持有效能的執著領導者，就算他們可能性格刁鑽，容易犯錯。這些人通常不適合傳統的辦公室生活，因為對他們來說，「完成工作」比高層領導制定的規則和程序更重要。賈伯斯將蘋果形容為一家移民島公司，由來自其他公司的難民所組成，那些無法給予他們想要的自主權和支持的公司。

確定組織的執著焦點

管理著迷者的第一步，是組織要弄清楚什麼事情是最重要的。換句話說，要清楚自己著迷的重點。本書所描述的領導者，他們主要執迷的重點都在於「改善當前存在的問題」。貝佐斯、馬斯克，和卡蘭尼克，都致力於用更好的東西來取代「現狀」，像是優於競爭對手，甚至是自己公司目前的產品或服務。具有創新精神的執著領導者每天都在與現狀作戰，他們認為創造更好的東西是一場無止境的競爭，也是社會的需要。

例如，亞馬遜縮短了送貨時間，這麼做既改善了對自己顧客的服務，也改善了競爭對手的表現（對手必須提高自身能力來跟上速度）。

在公司發展的某些時刻（尤其是初創階段），擁有一支由全力以赴者組成的核心幹部，並以正確的方式集中精力非常重要。例如正努力取代老牌競爭對手的新創公司，像是亞馬遜與規模大很多的邦諾書店，以及特斯拉與福斯、通用汽車等大型汽車製造商。

然而，當一家老牌公司受到新競爭對手的攻擊時，執著的心態也是必要的。想想沃爾瑪和 Target 面臨的挑戰，他們的領導者必須想出辦法，在快速變化的零售行業中競爭。

在與一家具有亞馬遜這種野心和能力的公司競爭時，領導階層若還抱持著朝九晚五的心態是遠遠不夠的。那些缺乏執著特質的人，遲早會被競爭對手追過去，最終走向失敗。

在競爭激烈、變化無常，遊戲規則正在被改寫的產業中，這種情況更有可能發生。例如，福特汽車公司正在開發自動車，試圖與谷歌和特斯拉等公司競爭。為此，福特及其合作夥伴在未來幾年將斥資數十億美元。

但除此之外，福特還需要建立一支擁有能力和堅定目標的團隊，才有機會創造出比那些世界級競爭對手更好的產品。它也需要建立一種支持這些員工的企業文化，不能阻礙他們想要創新冒險的信念與想法。在吸引和留住需要的人才方面，福特可能面臨著重大挑戰，尤其是因為在汽車產業中，福特已經算是相當「老牌」。

正如在第三章提到的，貝佐斯認為，要專心執著於哪些領域，其實有很多選擇，每個公司都必須找出所屬的行業和文化中，哪一種是最有效的。本書中列舉的公司案例顯示，專注於顧客或產品，最有可能造就長久經營的公司。與此相反的，就是那些只在乎近期財務業績，或想著擊敗競爭對手的公司。一旦明確找出重點後，剩下的任務就是將信念深植於企業的實際行動中。

有許多公司都「聲稱」顧客是他們最重視的部分，然而，要建立顧客第一的文化，並以堅定的信念進行所有服務，是一項相當困難的事情。說出重視顧客很簡單，但是執著於顧客的行動很卻很難實踐。

另一個常見的錯誤，是想要執著的部分一大堆，沒有挑出何者是最重要的事情。結果就是員工們對所有人、所有的事情都拚命付出，但缺乏清楚明確的目標和紀律，也不知道該把哪項指導原則放在第一位，導致所有事情都同樣重要，卻也同樣不重要。

想在一個領域做到頂尖就已經極其困難，而試圖在三個或四個領域都要出類拔萃，很可能會適得其反（員工不知道什麼才是最優先的事情，或是以一種不太可能做出卓越成果的方式分配資源）。

專注於最重要的事情，並不代表領導者或公司要忽略其他部分。在最好的情況下，其他領域上的努力，同樣也在支持著公司的主要執著點（信念）。亞馬遜希望自己的產品，如 Kindle 和 Echo，都是一流的設備，並努力在每一次更新中做得更好。很顯然的，重視顧客就是指引這一切背後的力量。

建立正確的組織架構

下一個任務是決定要用什麼樣的組織模式，來實現公司的執著重點。

建立公司的「特種部隊」是其中一種方法。由精心挑選的幹部人員組成，主要任務為解決公司困難的挑戰。這個團隊具有較高的能力和奉獻精神，相當於公司內部的小型菁英團隊。使用「特種部隊」一詞，就代表不需要公司裡的每個人都達到執著的程度。

使用特種部隊方法的原因在於，並不是每個人都有能力或想要全身心投入。正如在前一章提到的，每個人對於工作的投入量表都不同，這個量表從冷漠到有興趣、熱情，最後是執著沉迷。

這種方式的理想情況是，組織建立了一個較小的、屬於執著者的團隊，而同時也擁有一群敬業、專業，但不會完全沉浸於工作的普通員工。

就像是美國擁有像海豹部隊（Navy SEAL）這樣的菁英部隊，他們經過精心挑選和訓練，任務的層級也超過一般其他服役的軍人。但想成為海豹部隊的一員也相當困難，因為它對生理和心理的要求都非常高。能夠通過培訓的人是菁英中的菁英，他們擁有承擔最艱鉅任務所需的生理、心理，和情緒能力。

在組織企業中，這些角色通常是在負責特殊專案的團隊中工作。例如，他們可能會負責設計一項能大幅推動公司成長的創新技術，並將其推向市場。之前提到的蘋果 Mac 團隊，就是特種部隊的一個例子。

而更激進的組織模式，就不是只需要少數人擁有傑出的才能和動力，而是努力建立出所有人都專注於使命的公司。馬斯克用「特種部隊」這個詞來指稱他的整間公司，企業裡的每個人都必須成為頂級執行者。這與大多數組織一旦獲得某種程度的成功後，就會變得自滿和官僚主義的傾向相反。有些公司成功後，就減少了當初的緊繃和投入程度。

「全員特種部隊」的模式比較難實現，因為很難讓整體員工都產生高度的投入和承諾。也就是說，這是只有像亞馬遜、特斯拉，和優步等公司能達到的目標。

特種部隊和全員特種部隊這兩種模式並不是相互排斥的，若能將兩者混合，則是最理想的方法。企業可以要求全體員工盡可能（極限的）為公司服務，並認知到每個人的投入極限不同；且同時在公司中建立一個較小的幹部團隊，這些人能力更高，也願意付出更多。

這兩種模式在吸引、激勵，和留住富有成效的執著者方面，各自面對著不同挑戰。例如，使用小型特種部隊模式會導致公司內部出現地位等級差異（因為那些在菁英團體中的人會得到更多的關注、資源，和認可）。如果不小心管理，就可能會導致公司出現「我們對他們」的分裂狀況。

蘋果公司裡，賈伯斯的 Mac 團隊就曾發生過這種情形。他形容 Mac 團隊是一群海盜，他們的運作方式有時會引發「蘋果海軍」的反對，導致同事之間疏遠，公司內部產生分裂。但是這個團隊製造出了 Mac 電腦，發明了革命性技術，改變了電腦在我們生活中的角色。Mac 團隊以極端的方式，展示了特種部隊模式的好處和缺點。

現今的公司越來越重視與支持不同層級的多樣性，也就是每個人看待工作在生活中重要程度的差異，這是以往不曾討論的。在極端情況下，有些人將工作視為達到目的的一種手段，而另一些人則認為工作本身就是目的。這並沒有絕對答案，人們通常也希望能將兩者結合。

然而，每個人對待工作的態度的確有差異，公司支持每一位員工，即使他們心中對於想投入工作的程度不同。人們對工作在生活中所扮演的角色、看法，有著顯著的差異，公司不能假設每個人都有相同的觀點或需求。

公司也可以選擇明確的將企業文化設定為：工作是最重要的事情。本書描述的公司都有很緊繃的工作環境，對員工付出程度的要求很高；而企業同樣也可以創造一個不那麼緊張的環境，尊重工作之外的生活需求。這兩種方法雖不相互排斥，但公司需要做出選擇，接受並處理該方法的缺點。

僱用這些人之前先問他：為什麼想加入我們公司？

第三個任務是吸引和留住足夠數量的人，這些人要具備促進公司重點發展所需的心態和能力。需要的人數會根據選擇的結構模式而變化（特種部隊和全員部隊有不同的人才數量需求）。

而無論是哪一種結構，著迷者在意的都是能否讓他們從事對自己而言最重要的工作。在特斯拉或 SpaceX 工作的人都知道，他們正在打造一些世界上最具創新性的產品，他們也被這些產品對社會的影響力所吸引。

一間公司不應該被設計成吸引所有的人，相反的，它應該有一個明確的重點，吸引那些對公司使命有著相似熱情，以及與公司文化非常契合的人。一旦公司的執著重點明顯確立了，認同它的人就會自然的被吸引，且更有可能長久的留在這間公司。

每間公司仍然需要設計一個流程，來篩選最適合其特定理念和文化的人。例如亞馬遜和特斯拉希望他們的員工具備解決複雜問題的能力；馬斯克會親自參與技術人員的徵選過程，詢問他開發過哪些產品、貢獻的具體細節，以及問題是如何解決的。一般而言，特斯拉希望招聘的是那些執著於創造卓越產品的人，而亞馬遜則希望招聘能以顧客為中心的員工。整體的目標就是**找出那些對公司認為最重要之事充滿熱情的人**。

以下的面試問題，可以觀察出員工是否具備有效發揮執著特質的能力：

- 你如何克服逆境取得非凡成就，請舉例說明。具體來說，你做了什麼來達成這個結果？（留意面試者是否有說出細節，這代表了此人深入參與的程度。）
- 請描述你理想中一整天的工作情形。你會做什麼事？或者創造什麼東西？
- 假設我們提供你一個符合興趣的工作，但與公司其他部門的同等職位相比，它的可見度和影響力比較小。你會想選擇哪個職位，為什麼？
- 描述一次你完全沉浸在工作中、高度專注於任務本身的經驗。

• 在個人生活或職業生涯中，你是否曾為了追求一個目標，達到了旁人覺得不合理的程度？請詳述。

關於判斷面試者是否符合公司執著重點的面試問題：

• 你為什麼想加入我們公司（團隊）？
• 在那些你想與之共事的同事或團隊成員身上，你認為重點特質是什麼？
• 假設你為我們工作十年了，回首過去，在你所取得的成就中，最讓你感到自豪的是什麼？
• 請說明你對公司執著重點（如取悅顧客、創造優質產品）的投入程度（實際案例）。
• 請分享解決困難挑戰的經驗。例如顧客問題、產品設計缺陷等。
• 你如何確保自己在工作時的注意力能一直放在改進問題（例如顧客體驗、產品性能……）上？
• 你有多麼喜歡打敗競爭對手（相較於取悅顧客、設計創新產品）？

除了吸引合適的人才之外，另一項重點則是維持一種積極進取的文化。正如前面章節所討論的，這就是貝佐斯強調必須維持「第一天心態」的原因。其中有許多加強此心態的實際方法，像是確保每個員工都具備為公司成功做出貢獻的能力。

大多數以「第一天」模式運作的初創企業，無法負擔那些相對普通（缺乏公司成長所需技能和動力）的員工。領導者要做的最艱難的決定之一，就是解僱那些目前對公司有貢獻，但不具備未來所需能力的人。

與貝佐斯和馬斯克一樣，賈伯斯認為，沒有最優秀的人才，就不會有最棒的產品和服務。雖然大多數領導者都認同這個觀點，但很少有領導者會對那些未能達到他們期望的人採取行動。

賈伯斯說他有責任確保蘋果公司排名前一百名的員工都是「A級員工」，他認為A級軟體和硬體工程師的貢獻，是那些B級和C級員工的一百倍。因此，他努力尋找並留住一流的人才，也就是那些他認為對創造偉大產品至關重要的成員。

帶領 Mac 團隊的經驗教會了他，A級員工也很想只和其他A級員工合作，而把那些沒有那麼優秀的人從公司裡趕出去，就是賈伯斯和領導團隊的工作。他盡力阻止「庸才當道」的情況發生，也就是讓非A級員工持續留在公司裡。

在吸引了具有必要才能和特質的成員之後，組織也必須有能讓他們投入其中的工作。執著者最在意的就是能否做有意義的事，因此提供符合他們興趣的重要專案尤為重要。

行政業務會讓著迷者無法專注

另一個管理上的重點，是不要讓他們背上行政業務的負擔，以免無法專注於自己的工作。隨著公司的發展，政策、程序和流程，也一定會跟著增加。然而，這可能會導致一種令人厭煩的官僚作風，那些執著型的人對這種作風尤其反感，他們很討厭被他們認為沒有價值的附加活動分散注意力。

先前提到的一個例子是，谷歌自動駕駛汽車部門負責人萊萬多夫斯基購買了一百輛汽車，用來測試自動車的技術。他因為不想被公司的正式請款程序延誤，所以把汽車費用以自己的特支費上報公司。

萊萬多夫斯基可能也想藉此向高層領導傳達這樣的訊息：在如此快速發展的產業中，這種官僚作風會阻礙他迅速採取行動、抓住先機。

成長中的公司面臨的挑戰，通常是如何維持吸引執著者的環境。亞馬遜也使用了「創建小型團隊」的方法，讓這些人負責具有挑戰性的目標。

貝佐斯曾說過一句很有名的話：「亞馬遜核心團隊的規模必須小到只訂兩個披薩就夠吃。」而使用小型團隊的優點在於，每個人都能看到他們的貢獻有什麼影響，同時也能增加個人和團隊對結果的責任感。

亞馬遜的文化將「冗員效應」降到最低，這種效應比較常發生在大型團隊裡，在這些組織中，不太認真或才能較不足的成員，也可以從其他人的努力工作中獲益。小型團隊還能有效減少溝通和協調工作所需的時間，而在大型團隊中，這些事情通常都會消耗寶貴的時間。

在賈伯斯的領導任期內，蘋果還取消了委員會，在每個職能領域中，只會有單一領導者，藉此為執著者們提供了他們想要的環境，每個人都有明確負責的部分。賈伯斯相信應該聘用優秀的人才，並讓他們承擔實現業績的責任。他的管理層知道，他進行的是「無藉口」管理，即無論面臨什麼挑戰，高階人員都必須完成任務。

所有同仁都在為蘋果付出，並根據公司的整體表現獲得獎勵。在他看來，這比制定嚴格的流程，或把責任分散給跨領域的團隊成員更有效。賈伯斯把蘋果設計成一個以他為中心的大型初創公司，擁有多個專注點不同的小團隊，每個團隊皆由一個有能力、負責任的領導人帶領，並向他彙報工作。

以上方法都能增加吸引和留住執著者的可能性。然而，管理階層也應該避免給予這些人完全的自由，讓他們自己決定如何行動，因為執著者在追求自己的目標時，很可能會做出不負責任的行為。

定期評估——最好的保護措施

在某些公司裡，會因為著迷者能做出貢獻，所以他們的行為幾乎不會受到任何懲罰。例如優步就不斷縱容卡蘭尼克以激進的方式發展公司，時任的董事會成員阿瑞安娜・赫芬頓後來表示，公司將不會再容忍那些行為不當的人：「我在全體會議上對員工們說的其中一句話是，展望未來，我們將結束那種對表現頂尖者的崇拜……你做出了成果，所以某種程度上很多行為就可以被原諒，這種現象在矽谷尤其普遍。我把那些表現最好的人稱為『聰明的混蛋』，而從現在開始，我們將對這些人實施零容忍政策。」

有著迷型領導者的公司，需要一些正式和非正式的流程來防止破壞性行為。其中最重要的，是釐清領導者和團隊的哪些行為會被認定為越界。在優步，卡蘭尼克的成長心態滲透到公司的文化中，並導致了一些脫序行為，消磨了大量乘客、司機，和員工的好感。

當著迷的領導者以不負責任的方式行事時，如果顧問和同事能夠適時進行干預，則可以發揮關鍵的作用，阻止錯誤發生。如第五章所述，坎普在優步的地位，可以對卡蘭尼克有很大的影響。我們不知道他是否有試圖緩和卡蘭尼克的不當行為，但很明顯的，卡蘭尼克一直在以傷害優步的方式行事。

要挑戰或限制像卡蘭尼克這樣強勢的領導者並不容易，畢竟在創建史上成長最快的公司中，卡蘭尼克有極大的功勞。對該領導團隊的成員來說更是如此，在一些公司裡，給予老闆嚴厲的意見回饋和建議是非常困難的，甚至可能毀掉你的職業生涯。

但如果不這樣做，就會導致領導者垮臺，並對公司造成嚴重傷害。在優步的例子中，我們已經知道像坎普這樣的角色，應該要更努力、更有技巧的防止卡蘭尼克走向自我毀滅。

然而，如果有同事能夠減少領導者的負面影響，後者也將會從中受益。一位曾在蘋果工作的軟體工程師說，當時的蘋果軟體工程副總裁亨利・拉米羅（Henri Lamiraux），有效緩和了賈伯斯管理風格中破壞性的一面。

他形容拉米羅是「一股清涼的源泉，讓我們避免被史蒂夫的灼熱燙傷」。在這方面，同事可以讓著迷者的能力發揮到最大，同時也能降低前述各種缺點發生的機率。這是一個很難扮演的角色，因為這個人需要上層領導者和組織成員雙方的信任和支持，他也不能成為領導者不良行為的辯護者。在最好的情況下，他的做法可以為領導者、自己的團隊，和整個組織帶來更好的結果。

另一個保護措施是藉由一個管理體制，比如董事會，來評估領導者和組織內的文化。這可以是與同事之間的非正式對話，討論關於領導者的行為，以及為他工作的感覺。

有些領導者會抗拒這樣的評估，認為它侵犯了他們管理員工的方式。然而，目標不是找出錯誤，而是要確保能及早發現和解決問題。更正式的方法，可以採取定期的內部調查，或聘請外部顧問公司或法律公司，來評估公司的內部狀況。

這也是公司內部出現重大問題後的典型程序，優步就曾這麼做。不過事情一旦到了這個階段，傷害通常已經造成。比較有效的方法還是定期進行評估，在問題變成危機之前，就讓它提前浮現。

雖然保護措施是必要的，但公司還是必須避免制定過多的政策和程序，以免破壞著迷者和團隊的積極性。一套設計良好的保障措施，能提供必要的指導方針，也不會讓員工認為他們被「微管理」了。

富有動力和創意的人，通常都需要很大的自主權。不過也不是只有他們才這樣，大多數人都想對自己的工作有更多的控制權。那些擁有自主權的員工，會對自己的工作更滿意，更有動力表現傑出，甚至也比那些在工作方式上沒有多少選擇餘地的同事更健康。

公司的理想目標是吸引和留住執著於工作的人，因此要創造一種支持執著者的文化，盡量避免他們受到大公司官僚思維和控制方式的傷害。而其中的訣竅就在於建立評估系統來防止錯誤行為，同時也不破壞執著者可以提供的貢獻。

即便採取了上述的所有措施，組織還是必須對執著的負面潛力保持警惕，正如第二章所列出的那些風險。然而，選擇接納執著者的組織，還面對著更多特定的挑戰。

沉迷於當前的商業模式，是常見的陷阱

第一個風險是**沉迷於當前的商業模式**，而忽視了更大的市場和社會趨勢。我們知道執著是實現一個野心勃勃的目標時，所需要的極度專注和不懈動力。但從另一個角度來看，計程車行業的領導者們，也在執著於保護他們從中受益的現有模式（即使面對著像優步這樣更好的選擇）。但考慮到維持現狀對他們的既得利益，我們就可以理解為什麼他們會這樣做。

其他行業也會犯下同樣的錯誤，它們選擇抵制或忽視那些正在改變產業的浪潮。黑莓公司（Blackberry）曾經是最受歡迎的智慧型手機製造商，當時它並不認為 iPhone 會威脅到自己產業領導者的地位。但從現在的結果很快就可以看出，消費者非常喜歡蘋果的產品，黑莓機的智慧型手機市場占有率也從五〇％下降到低於一％。

有效能的執著不是專注於現狀，而是努力為顧客和整個社會創造更好的產品或服務。許多公司的問題在於，它們過於執著現有的商業模式，不斷改進現有的產品和服務，但沒有意識到這些產品和服務終將會過時。

當時邦諾書店也努力讓自己的書店更有吸引力，例如加入咖啡聽，但這並不足以阻止

亞馬遜的猛攻。維持現狀或許可以再撐一小段時間，但到了產業經歷變革的時候，就必須採取更激進的方法。

最近的一個例子是Netflix。該公司有效的提高ＤＶＤ郵寄業務，同時建立了線上串流媒體服務，成為其飛躍成長的因素。優步也將面臨類似的挑戰，一方面要維持一家擁有數百萬名司機的公司，另一方面則要過渡到一個受自動駕駛車影響的未來。

組織面對的第二個潛在危險，是**不惜一切代價追求成長**。正如第五章談到的，卡蘭尼克專注於讓優步以比競爭對手更快的速度發展，並激烈對抗任何阻礙他的人。在所有條件相同的情況下，擁有最多乘客的公司，就能吸引最多的司機，進而能以最快速度接到乘客，這樣一來又吸引了更多的乘客，產生了不斷增長的動力。優步的「蓬勃成長」策略，使其成為世界最大、最有價值的共乘服務公司。

最卓越的社群媒體網站臉書，在全球擁有超過二十億用戶，該公司最近也遭遇了一系列挫折，主要和管理使用者資料的方式有關，其中包括未能嚴格監控第三方廠商。臉書還被包括外國政府在內的一些人批評為流氓營運商，因為它以不道德的方式使用自身的服務，試圖影響民意風向，以及全國選舉投票的行為。

某些人和國家似乎正將臉書「武器化」，使用臉書的工具，發送宣傳和假新聞給目標族群。現在臉書已經開始採取措施，透過更嚴格的控制和增加人手，來糾正這些失誤，以防止並揪出不道德的行為。

然而，我們不得不懷疑，這些問題部分的責任，是不是在於臉書願意不惜一切代價（包括銷售使用者資料），達到成長的目的？

過分看重利潤，認為利潤比顧客和產品更重要的企業，是非常有問題的。一些領導者時常督促他們的員工，每一季都要達成某個業績數字，這些人的眼裡除了收益之外，什麼也看不到。

利潤當然是營運公司的關鍵，至少從長期來看是如此，但它不會比開發偉大的產品和服務更重要。賈伯斯認為，要毀掉一家公司的方法，就是讓那些只關心財務業績的領導者來帶領：

對於企業衰敗的原因，我有自己的一套理論。若使用銷售人員來管理公司的話，他們會認為負責產品的人不那麼重要，這會讓很多執著於做出好產品的人選擇離開。當史考利（前執行長）進來蘋果的時候就出現了這種情況，那是我的錯；而巴爾默接管微軟的時候也同樣發生了這種事情。

而當領導者認為自己的主要職責是讓同事感到舒適時，也會讓組織面臨危險。更甚者，有些領導者在設計公司的規定和文化時，會去迎合那些最不執著於工作的同事。在這些情況下，舒適和工作生活平衡的重要性，就會大於努力創造顧客想要的產品或服務。

有些公司會告訴員工，他們不能在下班時間或週末時，發送與工作有關的電子郵件給同事。他們也不希望因為某些員工過度的工作習慣，給同事施加壓力，要其他同事也比照辦理。

強調工作與生活平衡的領導者和公司相信，這能帶來更好的工作效果，並能吸引和留住最好的人才。換句話說，最有才能的人通常可以選擇他們想去哪裡工作，而他們會選擇那些生活品質比較高的公司，而不是要求過高的公司。

要反對工作與生活的平衡不容易，但是不在意料之中的後果也需要考慮。前優步董事會成員赫芬頓認為，工作與生活的平衡在道德上是正確的，最終也會提高產能。這是在她發現疲憊不堪的人會做出糟糕的決定時（卡蘭尼克），做出的論斷。

在極端情況下，這當然是正確的，但同樣正確的是，擁有完全致力於提供傑出服務員工的企業，通常會表現得比員工每天準時下班回家的公司好。而問題在於，在某些公司發展的關鍵時刻，怎樣才能算是正確的平衡？

大多數人會同意，過於極端的選擇（把工作看得比一切都重要，或是完全不重要）都是有問題的。然而，適當的中間位置是什麼，就是一個持續在辯論和實驗中的議題。

有些公司希望員工在醒著的任何時間，都能對重要問題立即做出回應，包括深夜、週末，和假期。有些公司則會限制，或至少是不鼓勵員工在正常工作時間以外，像是週末和假期時工作，因為這些公司不希望人們忽視自己生活的其他部分。

其他公司，例如特斯拉，則會覺得這種限制很可笑，認為它會破壞有效的結果，不但不能消除壓力，反而會製造更多的負擔。像貝佐斯和馬斯克這樣的領導者，他們對於設定嚴格的標準並不感到抱歉，並且也深知自己公司的工作文化不是所有人都適合。他們會讓應徵者知道公司以表現為導向的文化，以及對員工有高度要求。舉例來說，特斯拉就會告訴應徵者，他們將被要求長時間工作，某些週末還要加班。他們希望誠實表達出公司的期望和工作文化。

當員工，尤其是有才華的員工，不再願意為公司工作時，就表示公司的要求已經過頭了。他們可能會覺得現在的工作環境壓力太大，或者公事剝奪太多個人生活。這些人可能會想到一家提供更支持員工的環境、具有高度合作文化，以及共同承擔責任的公司工作。

多年來，谷歌不斷被評為最佳工作場所之一，部分原因是它的團隊文化，以及為員工提供的多種支援。雖然有些人不想到亞馬遜、特斯拉，或優步等公司工作，但這幾間公司還是持續吸引著大量求職者。其中一些企業，尤其是蘋果和亞馬遜，也產生了很高的員工忠誠度。

當管理風格嚴厲的賈伯斯，被問及是否對他的團隊成員過於苛刻時，他回答：「我不認為我在欺負人，但如果事情搞砸了，我會當面告訴他們。實話實說就是我的工作。」蘋果有很多才能卓越的人，這些人在科技業的任何公司都能找到工作，但大多數人卻都想待在蘋果繼續為賈伯斯效力。

只希望保持安逸心態的問題在於，它會讓人們逃避必須表現出高水準的現實。微軟創始人保羅・艾倫在他的傳記中，描述了該如何建立一家最終能夠主宰產業的公司：

我們整天都在工作，週末還輪兩班。比爾（指蓋茲）基本上已經不去上課了……我也疏忽了當時在漢威聯合（Honeywell）公司的工作，中午才拖著疲憊的腳步進辦公室。待到五點半下班後，又繼續工作直到凌晨三點左右。

在存好我的檔案後，我會躺在床上昏迷五、六個小時，然後再重新開始……我偶爾會在深夜看到比爾在終端機前打盹，他會在寫代碼寫到一半時頭逐漸向前傾，直到鼻子碰到鍵盤。小睡一、兩個小時後，他又會睜開眼睛，瞇著眼睛看著螢幕，眨兩下眼睛，然後接著剛剛停下來的地方繼續寫，真的是很驚人的能力。

尋求舒適的心態也同樣會影響管理方式。越來越多研究指出，「心理安全」是高績效團隊和組織的一個重要層面，哈佛大學教授艾米・艾德蒙森（Amy Edmondson）將心理安全描述為「一種以人際信任和相互尊重為特色的團隊氛圍，在這種氛圍中，人們很自在的做自己……此團隊會有一種自信，不會因為起身發言而感到尷尬、被拒絕，或被懲罰」。

比起那些缺乏此文化特徵的公司，在心理安全文化中工作的員工，更能學習和適應自己的業務。不過，那些擁抱心理安全的人，也必須意識到意外後果的可能性。

心理安全的倡導者認為，它能提高創造力，使人更加真誠坦率，因為環境更能接受不同的觀點，進而提高學習和有效決策的能力。然而，這很容易成為一種人們不敢挑戰彼此的文化，因為他們不想被視為思想封閉、不合作，或不尊重他人。

令人諷刺的是，一種旨在促進誠實對話的文化，反而可能會導致不那麼真誠的對話。這並非那些提倡心理安全者的原始意圖，但結果可能就是如此。

我並不認為賈伯斯或馬斯克會對心理安全這個概念感興趣。賈伯斯相信，當人們的想法或產品並不出眾時，積極挑戰他們是件好事：「我的工作不是對人寬容，而是讓他們變得更好。」他補充道：「當事情很糟的時候，我的職責是說出來，而不是想辦法粉飾它。」他關注的並不是團隊成員的感受，而是這些人做出的產品品質。而大多數人都明白這就是與賈伯斯共事的代價，也依然選擇對他保持忠誠。

賈伯斯還認為，團隊成員必須嚴格要求彼此。他講述了小時候的一次經歷，他家附近住著一個老先生，擁有一臺磨石機。某天，賈伯斯和他的鄰居在後院發現了一些石頭，就把它們與一些磨石粉和液體一起放進了磨石機裡：

透過相互撞擊，產生一點摩擦、一些噪音，就製造出這些光滑美麗的石塊，這一直是我對團隊工作的比喻。透過團隊，透過一群非常有能力的人互相碰撞，有一些爭執、有一些辯論，製造出一些噪音，藉由一起工作，他們互相摩擦，打磨他們的想法，最終才產生了這些美麗的石頭。

想成功，著迷心態必不可少

對於組織發展的最大風險在於，隨著公司成長，領導階層逐漸變得軟弱和自滿。還有一個相關的風險是，他們會從最重要的事情上分心。

美國風險投資家麥克・莫里茨（Michael Moritz）指出，整個美國，尤其是矽谷，正瀰漫著一些令人擔憂的問題，這些問題導致人們失去對重點的專注。莫里茨認為，有明確的工作重點和強烈職業道德的公司，勢必會超越其他公司。他描述自己在中國企業裡看到的強烈動力，這與一些美國公司正在建立的員工導向文化，形成了鮮明的對比。

這並不是說公司應該建立嚴苛的工作環境，或忽視更大範圍的社會問題和需求，但是他們也不應該偏離做正確事情的方向。現在很多的企業，尤其是取得階段性成功的公司，總是處於分散注意力的危險中，讓一些事情變得比他們的顧客和產品更重要。

執著是自滿和分心的解藥，然而，執著的黑暗面也會給組織帶來不同類型的風險。在執著的領導者和團隊帶領下，好與壞往往緊密相連，不可分割的連結在一起。那些能取得非凡成就的人，也有可能造成重大破壞。

而解決這種矛盾的最簡單方法就是，不要僱用執著於顧客和產品的人，或是澈底限制他們的行為，使他們不再構成威脅。但這種方法只適用於沒有成長機會的商業環境中，而這樣的產業也正逐年減少。

現在底特律大約有七萬棟廢棄建築，其中最大的是一九五八年關閉的帕卡德汽車工廠（Packard Car）。那裡年久失修，四周布滿了塗鴉，甚至被一個電影製作人用來描繪世界末日的景象。

底特律經濟狀況惡化和破產的原因有很多，但其中一個關鍵因素是美國主要汽車製造商，通用、克萊斯勒（Chrysler），和福特的衰落。一九六〇年代，三巨頭在美國的市場占有率超過八五%。二〇〇八年，數字降到了四四%，這樣的急劇下降，給底特律及其他地區帶來了嚴重的經濟衰退和社會問題。

這些公司的領導者讓員工、社區，及股東們失望了。他們犯了很多錯誤，但最嚴重的錯誤是設計和製造劣質產品。製造出人們想要購買的、可靠且有吸引力的汽車，是最重要的事情，他們卻忽略了這個事實。

數十年來，這些公司都由金融和商業背景的領導者帶領，但這些人對產品沒有遠見。雖然媒體都在大肆宣傳馬斯克的脫序行為，但他做了所有美國汽車公司五十年來做不到的事情——將一款大膽創新、遠遠超過競爭對手的汽車推向市場。

公司如果不執著、堅決專注於真正重要的事情，就會失去在高度動盪的世界中蓬勃發展的機會。總而言之，我們需要著迷的人，因為幸運總會眷顧這些人。

著迷，甘願賭上所有

- 精明的組織設計和管理，可以將著迷者的積極面發揮到最大，同時最小化其風險。這包括與公司使命、結構，和人員相關的決策。
- 精心設計的保障措施至關重要，但不應限制太多，避免削弱執著者在生產顧客重視的產品和服務方面的作用。
- 組織也需要謹慎，不要偏離他們最重要的目標，導致失去了實現非凡成就所需的專注力和動力。

謝詞

這本書借重了許多研究人員、記者、部落格，和書籍作者的作品，以及這些執著領導者的思想。我關注貝佐斯、馬斯克、賈伯斯，和卡蘭尼克的部分原因在於，公眾領域提供了關於他們每個人充分的資料，是極為豐富的資料庫，可以用來檢驗執著領導力的前景和缺陷。他們都是很有魅力的領導者，我從與他們相處，寫下他們的想法、成就和失誤中獲益良多。

就像我的前一本書《極限團隊》（*Extreme Team*）一樣，我很感激丹尼斯・N・T・柏金斯（Dennis N. T. Perkins）的影響，他是一位明智的導師，把我引入了創業領導力的領域。感謝麥克・查易斯（Michael Chayes）和傑夫・科漢（Jeff Cohen）多年來在我撰寫多本書的過程中，對我的觀點提出挑戰。喬・博尼托（Joe Bonito）以多種方式給予支援，無論是專業的還是個人的。塞德里克・柯羅克（Cedric Crocker）慷慨的為大家提供對矽谷動態的見解。我也從我的妻子潔姬（Jackie）給予的回饋和鼓勵中受益，感謝我的女兒加布理耶兒（Gabrielle），還有我的弟弟約翰（John）。每個人都以自己的方式，在這條道路上給予我幫助。

感謝哈潑柯林斯出版集團（HarperCollins）的採購和編輯人員，每位的貢獻都非常重要，尤其是提姆・布加德（Tim Burgard）、莎拉・肯德里克（Sara Kendrick）、艾曼達・鮑奇（Amanda Bauch）和傑夫・法爾（Jeff Farr），他們為這本書的出版提供了有益的建議，並管理了督促這本書向前發展的重要工作。我也享受與佛西亞・柏克（Fauzia Burke）一起工作，她提供了我精明的行銷指導。

國家圖書館出版品預行編目（CIP）資料

著迷，甘願賭上所有：光靠恆毅太苦情，貝佐斯、馬斯克告訴你，這是最開心的工作動機。／羅勃 · 布魯斯 · 蕭（Robert Bruce Shaw）著；吳宜蓁譯 . -- 初版 . -- 臺北市：大是文化有限公司，2021.03

240 面；17×23 公分 . --（Biz；348）

譯自：All In：How Obsessive Leaders Achieve the Extraordinary

ISBN 978-986-5548-32-2（平裝）

1. 領導者　2. 組織管理　3. 職場成功法

494.2　　109019709

Biz 348

著迷，甘願賭上所有

光靠恆毅太苦情，貝佐斯、馬斯克告訴你，這是最開心的工作動機。

作　　者／羅勃・布魯斯・蕭（Robert Bruce Shaw）
譯　　者／吳宜蓁
責任編輯／張祐唐
校對編輯／張慈婷
美術編輯／張皓婷
副總編輯／顏惠君
總 編 輯／吳依瑋
發 行 人／徐仲秋
會　　計／許鳳雪、陳嬅娟
版權經理／郝麗珍
行銷企劃／徐千晴、周以婷
業務助理／王德渝
業務專員／馬絮盈、留婉茹
業務經理／林裕安
總 經 理／陳絜吾

出 版 者／大是文化有限公司
臺北市 100 衡陽路 7 號 8 樓
編輯部電話：（02）2375-7911
購書相關資訊請洽：（02）2375-7911 分機122
24小時讀者服務傳真：（02）2375-6999
讀者服務E-mail：haom@ms28.hinet.net
郵政劃撥帳號／19983366　戶名／大是文化有限公司

法律顧問／永然聯合法律事務所
香港發行／豐達出版發行有限公司 Rich Publishing & Distribution Ltd
地址：香港柴灣永泰道70 號柴灣工業城第2 期1805 室
Unit 1805,Ph .2,Chai Wan Ind City,70 Wing Tai Rd,Chai Wan,Hong Kong
Tel：2172-6513　Fax：2172-4355
E-mail：cary@subseasy.com.hk

封面設計／柯俊仰
內頁排版／陳相蓉
印　　刷／緯峰印刷股份有限公司
出版日期／2021 年 3 月初版
定　　價／新臺幣 360 元
ISBN／978-986-5548-32-2（平裝）
電子書ISBN／9789865548599（PDF）
9789865548612（EPUB）

　Printed in Taiwan